인공지능과
살아남을
준비

십대톡톡_05

인공지능과 살아남을 준비 월간책씨앗 선정, 한국학교사서협회 추천

펴낸날 초판 1쇄 2024년 9월 2일 | 초판 2쇄 2024년 12월 20일

글·그림 김태권 | **감수** 김기현
편집 이정아 | **디자인** 캠프 | **홍보마케팅** 이귀애 이민정 | **관리** 최지은 강민정
펴낸이 최진 | **펴낸곳** 천개의바람 | **등록** 제406-2011-000013호
주소 서울시 영등포구 양평로 157, 1406호
전화 02-6953-5243(영업), 070-4837-0995(편집) | **팩스** 031-622-9413

ⓒ 김태권, 2024 | **ISBN** 979-11-6573-561-6 43500

인공지능과 살아남을 준비

십대
톡톡
05

김태권 글·그림
김기현 감수

천개의바람

"인공지능이 만든 유머가 사람이 만든 유머보다 웃기다."

2024년 7월 10일, 미국 NBC가 보도한 뉴스예요. 나는 불안해졌어요. 나는 웃기는 책을 쓰고 싶은 사람이거든요. 이 책에도 재미있는 농담을 많이 집어넣었어요! 그런데 앞으로 나는 '인공지능보다 안 웃긴 사람'이라는 말을 듣게 될까 봐 걱정돼요.

NBC의 보도에 따르면 미국 남가주 대학에서 실험을 했대요. 인공지능이 만든 유머와 보통 사람이 만든 유머를 다른 보통 사람들한테 주고, 어느 쪽이 재미있는지 점수를 매겨 보라고 했다는 거예요. 그 결과 보통 사람이 만든 유머보다 인공지능이 만든 유머가 재미있더라는 거죠.

이 뉴스는 인공지능이 인류를 능가하고 지배하게 되리라는 소식일까요? 그렇지는 않아요. 온라인 매체 〈기가진〉의 6월 20일 기사에 따르면, 미국의 프로 코미디언들이 인공지능을 코미디 비서로 쓰는 실험을 했는데, 별로 신통치 않다는 평가가 나왔어요. 오늘날의 인공지능은 보통 사람보다는 조금 웃기고 전문 코미디언보다는 덜 웃긴 존재인가 봐요.

내가 이 책에서 하고 싶은 이야기도 딱 그거예요. 인공지능은 어떤 일은 보통 사람보다 잘해요. 하지만 어떤 일은 일 잘하는 사람보다 못해요. 인공지능이 인류를 능가한다고 하기도 어렵고, 인류만 못하다고 하기도 어려워요. 인공지능을 얕잡아 봐도 안 되고 너무 기대해도 곤란해요.

인공지능과 함께할 미래 역시 비관하기도 낙관하기도 어려워요. 미래는 어떻게 될까요? 지금은 아무도 모르죠. 지금 중요한 것은 어느 한쪽으로 치우치지 않는 관점이라고 봐요. 그래야 가능성 풍부한 미래를 만들어 갈 수 있으니까요.

책 작업하는 동안 많이 못 놀아준 두 어린이한테 미안해요. 조금 더 커서 아빠 책 읽어주길 바라요. 책을 감수해 준 김기현 선생님에게도 감사드려요. 독자님께도 말씀드리고 싶네요. 이 책에 실린 농담이 기대한 만큼 재미없다면 그건 작가의 부족함 때문이니 미리 사과를 드린다고요.

2024년 가을을 맞아,
김태권

차례

머리말 · 004

1

지금은 인공지능
시대

3
사회의 편견을 배우는 인공지능

2
생성형 인공지능을 사용하는 똑똑한 방법

4
인공지능 시대, 좋기만 할까?

지금은
인공지능
시대

인공지능이 숙제를
대신해 준다고?

인공지능 때문에 세상이 떠들썩해요. 어느 대학생이 챗GPT한테 대신 숙제를 시켜 문제가 되기도 했고요. 그렇다면 우리 청소년도 챗GPT한테 숙제를 시킬 수 있을까요? 대답은 '글쎄요'입니다.

'그렇다'도 아니고, '아니다'도 아니고, '글쎄요'라니요.

웬 애매한 대답이냐 싶겠지만 사정이 있어요. 챗GPT에는 '사용자 약관'이라는 게 있어요. 이 약관을 보면 어린이와 청소년은 보호자의 동의를 받아 보호자의 지도하에서 챗GPT를 사용해야 한다고 나와요. 숙제에 챗GPT를 이용하려면 부모님의 허락을 받아야 한다는 뜻이죠.

그렇다면 부모님께 정중하게 질문해 보세요.

"어머님 아버님, 챗GPT한테 저 대신 숙제를 시키려 하옵니다. 허락해 주시렵니까?"

약관에 따르면 부모님이 허락하신 경우에만 독자님은 챗GPT를 숙제에 사용할 수 있어요.

그래도 챗GPT한테 다음 세 가지 질문은 던지도록 부모님이 동의해 주실 거예요.

"챗GPT, 청소년과 어린이가 챗GPT를 사용할 때 주의 사항을 알려줘. 부모님의 동의를 꼭 받아야 할까?"
"방금 해준 대답을 영어로 번역하고 요약해 줘."
"방금 해준 대답을 쉬운 영어, 심플 잉글리시로 옮겨줘."

챗GPT는 뭐라고 답할까요? 한번 질문해 보세요. 나도 해 봤는데 신통하더라고요. 인공지능은 우리 생활을 바꾸고 있어요. 좋은 쪽으로도 나쁜 쪽으로도요.

청소년과 어린이가 챗GPT를 사용할 때 주의 사항을 알려줘. 부모님의 동의를 꼭 받아야 할까?

>>> **(중략) 나이 적합성**: 챗GPT는 종종 성인 사용자들을 대상으로 만들어졌기 때문에 어린이나 청소년이 사용할 때는 부적절한 내용이 포함될 가능성이 있습니다. 따라서 항상 보호자의 감독하에 사용해야 합니다.

챗GPT처럼 글을 써주는 인공지능을 '생성형 인공지능'이라고 불러요. 2023년에 이화여대 미래교육연구소가 학생, 교사, 학부모에게 물어봤대요. 생성형 인공지능을 사용해 봤냐고요. 학생의 79.2%가 인공지능을 사용해 봤대요. 대학생은 81.5%, 고등학생은 80%, 중학생도 76%나 사용한대요. 사용자 약관을 지키고 있는지는 알 수 없지만요.

생성형 인공지능을 사용하며 걱정되는 점도 있어요.

인공지능이 숙제나 시험을 대신해 준다면?

교사 86%, 학부모 86.3%, 학생 83%가 인공지능을 이용한 부정행위를 걱정해요. 하지만 너무 심각하게 걱정할 필요는 없을지 몰라요. 2023년에 미국 스탠퍼드 대학 연구진이 40개 이상의 고등학교 학생에게 물어봤어요.

"인공지능으로 부정행위를 해 봤나요?"

60~70%의 학생이 '그렇다'고 대답했어요. 언뜻 높은 수치 같지요? 하지만 인공지능이 없던 과거와 수치를 비교하면 어떨까요? 비슷하거나 오히려 조금 더 낮아요. 2002년부터 2015년까지 7만 명 이상의 미국 고등학생 가운데 부정행위를 한 적이 있다고 대답한 사람은 64%였거든요.

많은 학생이 인공지능을 부정행위의 수단보다는 새로운 주제를 배울 때 도움을 주는 친구로 생각하고 있어요. 세상은 아직 고지식한 사람이 많은가 봐요.

인공지능은 무엇일까?

인공지능의 가능성을 연 앨런 튜링

앨런 튜링은 제2차 세계 대전 당시 계산 기계를 만들어 독일군의
어려운 암호를 풀어낸 영국의 과학자예요. 튜링은 1950년에
'튜링 테스트'를 제안했어요. 기계의 지능이 얼마나 똑똑한지
알아보는 테스트죠.

튜링 테스트를 살펴보기 앞서 '이미테이션 게임'을 알아볼까요?
이미테이션imitation은 영어로 '모방' 즉 '흉내 내기'라는 뜻이에요.
남성과 여성과 심판이 이 게임에 참여해요. 심판은 자신과 대화하는 두
사람이 남성인지 여성인지 알지 못해요. 여성은 자신이 여성이라는
사실을 드러내며 심판과 대화해요. 남성은 거꾸로 자신이 여성인 척하며
심판과 대화하죠. 심판은 대화 내용만 보고 누가 진짜 여성인지
맞춰야 해요.

튜링 테스트는 이미테이션 게임과 비슷해요. 튜링 테스트에는 인간과
기계와 심판이 참여해요. 심판은 자신과 대화하는 상대방이 기계인지

인간인지 알지 못해요. 인간은 자신이 인간이라는 사실을 드러내요.
기계는 자기가 인간인 척해요. 심판은 대화 내용만 보고 기계와 인간을
구별할 수 있을까요?

튜링 테스트는 흥미로운 방법이지만, 한계가 있어요. 기계가 그저 얼마나
사람처럼 보이는지 시험할 뿐, 기계의 지능이 어느 정도인지 알기는
어렵죠.

챗GPT는 튜링 테스트를 통과했어요. 그렇다면 챗GPT가 정말 인간과
같은 지능이 있다고 볼 수 있을까요? 쉽게 대답하기 어려워요. 이 주제를
파고들면 '지능이란 무엇인가?'라는 근본적인 문제에 부딪히게 돼요.

인공지능의 발달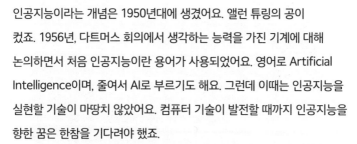

인공지능이라는 개념은 1950년대에 생겼어요. 앨런 튜링의 공이
컸죠. 1956년, 다트머스 회의에서 생각하는 능력을 가진 기계에 대해
논의하면서 처음 인공지능이란 용어가 사용되었어요. 영어로 Artificial
Intelligence이며, 줄여서 AI로 부르기도 해요. 그런데 이때는 인공지능을
실현할 기술이 마땅치 않았어요. 컴퓨터 기술이 발전할 때까지 인공지능을
향한 꿈은 한참을 기다려야 했죠.

한때는 규칙 기반 인공지능이 주목을 받았어요. 경우의 수를 헤아려,
사람이 미리 정해 준 규칙에 따라 움직이는 인공지능이죠. 예를 들어
인공지능 체스는 상대방이 다음에 말을 어디로 움직일지 경우의 수를
미리 헤아려, 인공지능이 말을 움직이는 방법이에요. 어느 정도까지는
성과를 거두었지만, 헤아려야 할 경우의 수가 너무 많아지면 인공지능이
대응하지 못했어요. 체스보다 경우의 수가 많은 바둑에서 인공지능이
한동안 인간을 이기지 못한 이유예요.

요즘 인공지능은 '딥 러닝 방법'으로 학습해요. 수많은 데이터를 입력하면
기계 스스로 규칙을 찾아내는 학습 방법이죠. 2010년대 중반이 되자
인공지능은 인간보다 바둑을 잘 두게 되었고, 2010년대 후반이 되자
인간처럼 언어를 구사하기 시작했어요.

2022년부터 생성형 인공지능이 눈길을 끌어요. GPT-3와 뒤이어
등장한 GPT-4는 사람처럼 언어를 구사하고, DALL-E(달리)와 스테이블
디퓨전은 사람이 시키는 대로 그림을 그려요. 자세한 원리와 이용 방법은
다음 장에서 알려줄게요. 보호자의 동의를 받아 사용해 보세요!

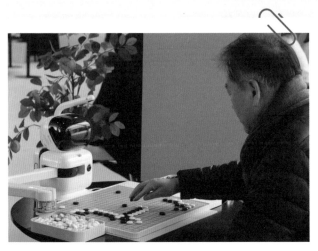

인공지능 바둑 로봇과 바둑을 겨루는 사람
(2023년, 서울디지털동행플라자 개관식)

이미 인공지능은 우리 생활에 널리 활용되고 있어요. 아이폰의 시리Siri
같은 인공지능 음성 비서는 우리가 말로 명령을 내리면 알아듣고 다양한
작업을 해요. 넷플릭스나 유튜브의 추천 시스템도 인공지능이에요. 우리가
즐겨 보는 영상이 무엇인지 분석하여 다음에 어떤 영상을 보면 좋을지
추천해 주죠. 이것 말고도 자동차를 자율 주행하는 인공지능, 질병을
진단하고 새로운 약을 개발하는 인공지능도 눈길을 끌어요. 앞으로는 더
많은 분야에 인공지능이 쓰일 거예요.

인공지능은 어떻게 학습할까?

독자님은 개와 고양이를 구별할 수 있나요? 어이없어하실지 모르겠네요.

"그 쉬운 걸 누가 못해."

하지만 두 살 주원이에게는 쉽지 않은 도전이었답니다. 주원이는 달려가며 외쳤죠.
"아빠, 멍멍, 멍멍."
주원이 아빠는 작게 한숨을 쉬었어요.
"얘야, 저건 개가 아니라 고양이란다."
주원이는 아주 영리한 아이였지만 개와 고양이를 구별하는 게 어려웠어요. 이유는 간단해요. 나이가 어려서 개와 고양이를 많이 본 적이 없기 때문이에요. 그렇다면 개와 고양이를 만나 본 적도 없는 컴퓨터는 어떻게 개와 고양이를 구별할 수 있을까요?

개와 고양이를 구별하도록 프로그래밍을 하면 되지.

이렇게 생각하는 분도 있을 거예요. 옛날에도 이런 생각을 하는 사람이 많았어요. 그런데 생각보다 어려웠대요. 개와 고양이를 구분하는 기준이 있을 거 아니에요? 그 기준을 콕 찍어 컴퓨터한테 알려주기가 힘들더래요.

예를 들어 '귀가 뾰족하면 고양이'라고 프로그래밍을 한다고 생각해 봐요. 하지만 귀가 뾰족한 개도 있어요. '주둥이가 짧으면 고양이'라고 하면 어떨까요? 주둥이가 짧은 개도 있어요. '꼬리가 길면 고양이'는 어떨까요? 꼬리가 긴 개도 있지요. 쉽지 않은 일이었어요.

그래서 새로운 방법을 시도했어요. 개와 고양이를 구별하는 기준을 가르쳐주는 대신 컴퓨터에게 개의 사진과 고양이의 사진을 아주 많이 보여줬어요. '이것은 개의 사진', '이것은 고양이의 사진', '저것은 개의 사진', '저것은 고양이의 사진', 이런 식으로 꼬리표를 달아 많고 많은 사진을 인공지능한테 먹이는 거예요. 그다음에는 어떻게 할까요? 개와 고양이를 구별하는 기준을 컴퓨터 스스로 찾아보라고 시켜요. 기계가 스스로 학습하는 거예요.

여러 해 전에 구글이라는 큰 회사에서 개와 고양이 사진을 잔뜩 모아 이 방법으로 컴퓨터를 공부시켰대요. 어느 정도 학습하자 인공지능은 보통 사람만큼 개와 고양이 이미지를 잘 분류하게 되었어요. 더 학습하면서 인공지능은 훈련된 사람만큼 잘하게 되었고요. 나중에는 인공지능이 사람을 훌쩍 뛰어넘게 되었지요.

그 뒤로 인공지능은 계속 발전했어요. 이제는 누구나 개와 고양이를 구별하는 기계 학습을 시킬 수 있답니다. 네이버에서 운영하는 커넥트재단이 있어요. 여기서 '엔트리'라는 교육용 프로그래밍 도구를 제공해요. 어려운 프로그래밍 언어를 알지 못해도 누구나 손쉽게 블록 코딩으로 인공지능 프로그램을 만들 수 있어요.

비주얼 프로그래밍 언어를 흔히 블록 코딩이라고 말해요. 어려운 프로그래밍 언어를 직접 입력하는 어려운 방법이 아니라, 미리 프로그래밍 된 블록을 그래픽으로 조립하여 프로그램을 짜는 방법이죠. 박스와 아이콘 등을 뚝딱뚝딱 마우스로 끌어다 붙이면 프로그램이 작동해요. '스크래치'가 대표적인 블록 코딩 언어예요. 이러한 블록 코딩으로 개와 고양이 사진을 구별하는 인공지능도 직접 훈련시킬 수 있어요. 흥미롭지 않나요? 관심 있는 독자님은 도전해 보시죠.

기계 학습 가운데 요즘 가장 인기 있는 방식은 '딥 러닝'이에요. 딥 러닝은 지도 학습의 한 종류예요. 지도 학습이란 인공지능에게 '입력 데이터'와 함께 정답에 해당하는 '꼬리표'를 붙여 학습시키는 방법이에요. 인공지능에게 개와 고양이 사진을 학습시키려고 수많은 개와 고양이 사진을 보여준다면, 여기서 사진들은 '입력 데이터'고, 각 사진에 대한 '개' 또는 '고양이'라는 꼬리표는 '정답'이에요. 많은 입력 데이터를 보고 학습하면 나중에 사진만 보고도 '개'인지 '고양이'인지 출력해 주겠죠?

딥 러닝은 입력과 출력 사이에 은닉층이라는 특별한 층(레이어)이 여럿 있어요. 여러 겹의 은닉층은 입력 데이터를 수학적으로 처리해 사진의 특징을 파악해요. 그래서 출력층에 가서 이 사진이 개인지 고양이인지 분류해 줘요.

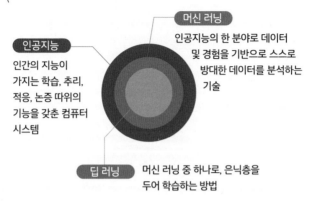

인공지능, 머신 러닝, 딥 러닝

머신 러닝
인공지능의 한 분야로 데이터
및 경험을 기반으로 스스로
방대한 데이터를 분석하는
기술

인공지능
인간의 지능이
가지는 학습, 추리,
적응, 논증 따위의
기능을 갖춘 컴퓨터
시스템

딥 러닝 머신 러닝 중 하나로, 은닉층을
두어 학습하는 방법

딥 러닝은 이미지, 소리, 인간의 언어 등 패턴을 알기 어려운 복잡한 데이터를 특히 잘 다뤄요. 데이터가 많을수록, 그리고 신경망이 커질수록 더 복잡한 패턴을 학습할 수 있어요. 최근에는 수십, 수백 개의 층을 쌓은 매우 깊은 신경망들이 등장하면서, 딥 러닝은 놀라운 성과를 거두고 있어요.

하지만 딥 러닝은 은닉층 하나하나의 내용을 열어 봐도 인간이 그 의미를 알아보기 힘든 약점이 있어요. 인공지능이 어째서 이런 결과를 출력했는지 알 수 없을 때가 생기죠. 이것을 '설명 가능성의 문제'라고 해요. 중요한 결정을 딥 러닝에게 맡겼는데, 어째서 그런 결정을 출력했는지 과정을 알 수 없다면? 생각보다 심각한 문제가 될 수 있어요.

예를 들어 금융 분야에 인공지능을 활용할 경우 사람의 인생을 좌우할 중요한 결정을 인공지능이 내릴 수 있어요.

이 사람에게 돈을 대출해 줄까, 말까?

이 사람의 보험 가입을 받아 줄까, 말까?

그런데 '대출 안 해줘' 또는 '보험 가입 안 받아 줘' 같은 결정을 인공지능이 했는데, 어째서 그렇게 결정했는지 설명할 수 없다면 사람들이 이 결정을 받아들일 수 있을까요?

금융과 의료, 법률 등의 분야에서 인공지능이 내린 결정은 사람의 인생을 바꿀 수 있어요. 그래서 사람이 인공지능의 결정을 신뢰할 수 있어야 해요. 인공지능이 왜 그런 결정을 했는지 투명하게 드러나야 사람도 그 결정을 납득할 수 있으니까요. 그런데 딥 러닝 방식으로 학습한 인공지능은 설명 가능성이 높지 않아요. 중요한 결정을 내리는 인공지능이 신뢰를 잃는다면 문제가 되겠죠.

인공지능이 특히 잘하는 일

분류는 인공지능, 특히 딥 러닝이 잘하는 일이에요. 분류 중에서 '이항 분류'는 사물을 보고 이것인지 저것인지 둘 중 하나를 고르는 일이에요. 예를 들어 이 사진이 개의 사진인지 고양이의 사진인지 고르는 일이죠. 스팸 메일과 일반 메일을 구별할 때 활용할 수 있어요. 개와 고양이 분류처럼 꼬리표를 붙여 기계학습을 시키는 거예요.

이것은 스팸 메일, 이것은 일반 메일
저것은 스팸 메일, 저것은 일반 메일

인공지능은 '다항 분류'도 잘해요. 다항 분류란 여러 개 중 가장 확률이 높은 한 가지를 고르는 일이에요. 두 가지가 아닌 여러 개에서 하나로 분류하죠. 감성 분석이라는 작업에 활용할 수 있어요. 예를 들어 영화 댓글을 보고 긍정 댓글인지 부정 댓글인지 이쪽도 저쪽도 아닌 중립 댓글인지 따위를 인공지능이 구별해 주는 거예요.

인공지능은 열 개 중에서 하나로 분류도 잘해요. '이것은 숫자 0', '이것은 숫자 1', '이것은 숫자 2', '이것은 숫자 9', 이렇게

다항 분류 예시

"이 영화 재밌다."　　　>>> **긍정 댓글**

"이 영화 보지 마라."　　>>> **부정 댓글**

"극장 팝콘 맛있더라."　>>> **중립 댓글**

손 글씨에 열 개의 꼬리표를 각각 붙여 학습시키면 나중에 괴발 개발 흘려 쓴 숫자도 인공지능이 읽어줘요. 이런 기술은 시간과 비용을 절약하겠죠. 우체국에서 이 기술을 사용하고 있어요.

수만 개의 낱말 중에 하나를 고르는 일도 할 수 있어요. 문맥에 맞는 가장 적절한 낱말(토큰)을 고르는 언어 모델이 있어요.

"지금까지 우리가 이러이러한 긴 이야기를 했어. 이 말들 뒤에 이어질 낱말 하나가 뭐야?"

챗GPT4나 클로드3 같은 생성형 인공지능 챗봇에게 질문해 보세요. 대답할 때 낱말을 하나하나 이어나가는 모습이 보일 거예요. 지금까지 나온 말 다음에 올 적절한 낱말을 고를 때 잠깐이나마 시간이 걸려서 그렇답니다.

딥 러닝의 특징

딥 러닝의 특징은 네 가지가 있어요. 첫째, 엄청나게 많은 데이터를 필요로 해요. 인공지능은 수만 장의 사진이나 데이터를 보고 공부해요. 서로 짝을 이루는 데이터와 꼬리표가 있

어야 인공지능은 학습할 수 있어요. 우리가 공부할 때 수많은 문제에 짝을 이루는 정답이 있는 것과 비슷해요. 개와 고양이의 수많은 사진, 영화 감상 댓글, 손 글씨 사진 등 데이터를 꾸역꾸역 먹으며 기계는 학습해요.

둘째, 기계가 공부할 사진이나 데이터에 꼬리표를 일일이 붙여야 해요. 레이블(꼬리표)을 붙이는 일을 레이블링이라고 해요. 그런데 레이블을 붙이는 일은 주로 사람이 해요. 데이터를 기계에 먹이기 전에 사람이 하나하나 만져줘야 하거든요. 손이 많이 가는 일이죠. 구글이나 메타(옛 페이스북)처럼 큰 회사가 인공지능 기술에서 앞서갈 수 있는 이유예요.

셋째, 인공지능은 사람의 지능과는 다른 방식으로 돌아가요.

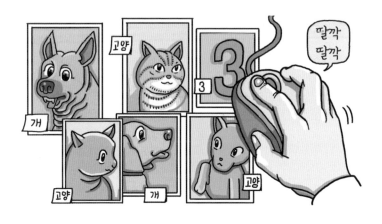

개와 고양이를 구별할 때 인공지능이 자신만의 기준을 직접 찾아낸다고 했죠? 그런데 인공지능이 어떤 기준을 세웠는지 궁금해서 인간이 인공지능이 학습하는 과정을 열어 본대도 그 내용을 알아보기 어려워요. 딥 러닝 방식으로 학습한 내용이 특히 그래요. 앞서 살펴본 설명 가능성의 문제예요.

넷째, 이렇게 학습한 인공지능은 일을 잘해요. 게다가 속도도 빨라요. 사람의 일자리가 위협받으면 어떡하죠? 옛날 산업혁명 때도 그랬잖아요. 기계가 사람의 일자리를 빼앗는다고 말이에요. 비슷한 일이 21세기에도 일어날 수 있어요.

산업혁명과
러다이트 운동

18세기 후반 영국, 기계가 발달하며 사람의 일을 대신하기 시작했어요.
실로 천을 짜고, 석탄과 철광석을 캐내는 등, 기계는 사람보다 더 많은
일을 더 빠르게 할 수 있었죠. 산업의 발전이 혁명과 같이 달라졌다고 해서
'산업혁명'이라고 해요.

많은 물건이 쏟아져 나오며 물건값이 내려간 점은 좋았어요. 하지만
기계가 사람의 일자리를 차지하면서 일하는 사람의 몸값도 떨어졌어요.
노동자들은 열악한 환경에서 낮은 임금을 받으며 장시간 노동을 했어요.
불만을 품은 사람들이 기계를 부수기 시작했어요. 1810년대 영국에서 천
짜는 기계를 때려 부수는 활동이 활발하게 일어났어요. 이것이 '러다이트
운동'이에요. 하지만 운동은 실패로 끝났어요. 비싼 기계를 부수었다며
운동에 앞장선 사람들을 엄벌에 처했어요. 러다이트 운동을 벌이던
사람들도 해결 방안이 없기는 마찬가지였고요.

결국 19세기, 여러 나라의 산업에 기계가 도입돼요. 우리의 생활은
편리해졌죠. 베틀에 앉아 손으로 천을 짜던 사람들은 영영 일자리를
잃었지만요.

19세기 전반, 영국의 면직물을 만드는 공장을 그린 그림

기계가 우리 일자리를 빼앗아간다는 공포는 이후에도 있었어요. 20세기 말에는 과학 기술 문명에 반대하는 네오 러다이트 운동이 일어나기도 했어요. 과학 기술의 빠른 발전이 환경을 파괴하고 인간을 인간답지 못하게 만든다는 생각을 하는 사람들이 있었거든요.

21세기에는 인공지능과 로봇의 도입에 맞서 새로운 러다이트 운동이 일어날지도 몰라요. 하지만 옛날 러다이트 운동과 마찬가지로, 별 호응을 얻지 못할 거 같아요. 인공지능 덕분에 혜택을 볼 사람도 많으니까요. 로봇과 인공지능이 가져온 변화 때문에 우리 생활이 편리해진 건 사실이에요.

인공지능이 일자리를
위협한다고?

DALL-E와 미드저니, 스테이블 디퓨전 같은 인공지능은 글로 설명하는 대로 그림을 그려줘요. 그것도 꽤 그럴싸하게요. 때때로 돈을 받고 그림을 그리는 나 같은 만화가가 일자리를 걱정할 정도의 그림이에요.

얼마 전 미술을 공부하는 고등학생 친구들에게 강연을 하러 갔어요. 미소를 지으며 인사했죠.

"안녕하세요? 요즘 그림을 그려주는 인공지능이 나왔다죠?"

그런데 아이고, 친구들 표정이 영 심각하더라고요. 한숨을 푹푹 쉬더군요. 웃으며 인공지능 이야기를 꺼낸 내가 이상한 사람처럼 보였을 거예요.

하루는 길거리에서 로봇을 데리고 다니는 분을 봤어요. 신기하더라고요. 그런데 뒤에서 할머니 두 분이 걸어오며 소곤소곤 말씀을 나누시더군요.

"저런 로봇이 우리 일자리를 뺏어가고 있어."

인공지능과 로봇이 일자리를 위협한다는 생각은 오래전부터 있었어요. 아이작 아시모프라는 공상 과학 소설가가 쓴《강철 도시》에는 로봇 때문에 일자리를 잃은 사람들이 폭동을 일

으키는 내용이 나와요. 이런 모습은 우리가 역사 시간에 배운 '러다이트 운동'과 비슷하지요.

인공지능이 우리 일자리를 빼앗는다면, 어떤 일자리부터 위험할까요? 의견이 엇갈려요. 단순 사무직부터 빼앗길 거라는 의견도 있지만, 반대로 의사나 변호사 같은 전문직부터 위험하다는 의견도 있어요. 예전에는 작가와 화가처럼 창조적인 일을 하는 사람은 안전할 거라는 주장이 있었지만, 요즘 보면 반대 같아요. 글쓰기와 그림 그리기까지 인공지능이 척척 해내니까요.

회사에서 누가 더 위험할지도 의견이 갈려요. 어떤 이는 직급 낮은 사람들이 위험하다고 하고, 또 다른 이는 높은 자리에 있는 경영진이 인공지능으로 대체될 거라고 해요. 2022년에는 인공지능과 로봇 때문에 중간 정도 숙련된 노동자가 일자리를 많이 잃을 것이라는 주장이 나왔어요. 2024년에는 달랐어요. 산업연구원 보고서에 따르면 인공지능 때문에 우리나라에서 327만 개의 일자리가 사라지는데, 이 중 60%가 전문직 일자리래요. 금융 시장을 분석하고 투자 전략을 제안하는 금융 전문가, 소프트웨어를 개발하고 데이터를 분석하는 정보 통신 전문가, 변호사와 의사 등이 일자리를 위협받는대요.

이런저런 의견을 종합해 보니, 사회의 모든 일자리가 골고루 위협받는 듯 보여요. 안전한 일자리가 사라진다는 뜻은 아

사람 대신 시간당 수백 개의 소포를 분류하는 인공지능 로봇

닐까요?

그렇다고 인공지능과 로봇 때문에 우리 인간이 당장 무더기로 일터에서 쫓겨나지는 않을 거예요. 로봇도 인공지능도 아직은 사람처럼 완전히 알아서 일하진 못하니까요. 설령 회사에서 일하는 사람을 무더기로 해고하려고 해도 우리 사람이 그저 당하고만 있지는 않겠죠. 노동조합 같은 단체도 있고요.

하지만 변화는 생길 거예요. 회사가 인공지능과 로봇을 도입하면 새로 사람을 뽑을 일이 줄겠죠. 일하고 있는 사람을 자르지는 않아도, 새로 사람을 뽑지도 않을 거예요. 청소년 독자님이 어른이 되어 일자리를 구할 때면 인공지능이 많은 일자리를 차지할지도 모르겠네요.

새로운 일자리도 생길 거예요. 산업혁명 때 마차 만드는 장인의 일자리가 사라지는 대신 자동차 공장에 새로 일자리가 생긴 것처럼요. '데이터 레이블링'이 인공지능 시대에 새로 생긴 대표적인 일자리예요. 인공지능을 학습시키기 위한 데이터에 꼬리표를 붙이는 일 말이에요. '이것은 고양이, 이것은 개'처럼 수많은 사진에 개와 고양이라고 하나하나 레이블을 붙인다고 했죠? 생성형 인공지능 언어 모델의 경우는 인공지능을 훈련시키는 방식이 약간 다른데, 그래도 사람 손을 타는 건 비슷해요. 언어 모델이 나쁜 말이나 엉뚱한 말을 하면 사람이 지적해 주거든요.

"그런 말은 하면 안 돼."

데이터 레이블링은 좋은 일자리일까요? 어떤 사람은 기대해요. 꼭 회사에 출근해 일할 필요도 없고 한동안 일거리도 많을 테니까요. 반대로 어떤 사람은 일은 많은데 돈은 적게 번다며 아쉬워하기도 해요. 드물지만 끔찍할 수도 있어요. '이것은 폭

력 영상', '이것은 살인 동영상' 같은 영상을 가려내는 경우도 있거든요. 일하는 내내 끔찍한 영상을 보다가 정신과 치료를 받는 분도 있다고 해요.

외계 지능을 넘어
하이브리드 지능으로

인공지능이 우리 일자리를 모두 빼앗아가지는 못해요. 아무리 조금이라도 인간만 할 수 있는 일이 남을 거예요. 이렇게 생각하는 이유는 뭘까요? 인간의 지능과 기계의 인공지능이 서로 다른 특징을 가지고 있기 때문이에요.

'지능'이란 여러 능력이 결합된 복합적인 개념이에요. 하나의 능력만 일컫지 않아요. 자기 자신을 인식하는 자아 인식 능력, 언어나 몸짓으로 의견을 교환하는 의사소통 능력, 새로운 정보를 배우고 기억하는 학습 능력, 다양한 문제를 해결하는 문제 해결 능력 등 여러 능력이 지능을 구성해요.

인간이 아닌 존재의 지능을 '외계 지능'이라고 해요. 꼭 UFO를 타고 온 외계인만 떠올릴 필요는 없어요. 지구에 사는 동물을 생각해도 돼요. 동물은 인간과 전혀 다른 능력을 가지고 살아가죠. 개미나 박쥐, 개는 사람처럼 수학 문제를 풀고 컴퓨터를 조작할 수는 없어요. 하지만 개미 집단은 슬기롭게 협력해 문제를 해결해요. 박쥐는 초음파를 이용해 어두운 밤에도 자유롭게 날아다니죠. 개는 엄청난 후각으로 냄새를 잘 맡아요. 인간은 그런 능력이 없어요. 동물과 인간은 서로 다른 종류의 지능을 가지고 있는 거예요.

인공지능 역시 외계 지능이에요. 문제 해결 능력과 학습 능력, 의사소통 능력 등 다양한 능력을 갖추고 있지만, 인간의 지능과 다른 방법으로 작동하죠. 인공지능은 인간의 지능과 같을 필요가 없어요. 인공지능은 인공지능대로, 인간은 인간대로, 각자의 지능을 가지고 살면 돼요. 냄새를 잘 맡는 개와 수학을 잘하는 인간이 서로의 장점을 살려 협력하듯, 인공지능과 인간은 경쟁 상대가 아니라 협업 파트너일 수도 있어요.

체스를 예로 들어 볼까요? 체스를 잘 두는 '가리 카스파로프'라는 사람이 있어요. 1997년에 인공지능과 체스를 겨뤘는데 카스파로프가 졌어요. 그 뒤로 카스파로프는 인공지능을 꺾기 위해 노력하지 않았어요. 그 대신 '켄타우로스 체스'라는 새로운 경기를 만들었어요. 인공지능과 인간이 한 팀이 되어 다른 팀의 인공지능과 인간을 상대하는 경기예요. 인간 대 인공지능의 경쟁이 아니라, 인간과 인공지능이 서로의 장점을 살려 협력하는 사례죠.

인간의 지능에서 좋은 점과 인공지능의 좋은 점을 골라 결합한 것을 '하이브리드 지능'이라고 불러요. 가솔린 차와 전기 차의 장점을 합친 차를 하이브리드 차라고 부르는 것처럼요. 인간이 더 잘하는 일이 있고 인공지능이 더 잘하는 일이 있어요. 기계 대신 인간이 결정을 내려야 하는 일도 있고요. 인간이 모든 일을 맡거나 인공지능한테 모든 일을 시키는 대신, 인간과 인공지능이 상호 보완을 통해 하이브리드 지능으로 함께 일해요.

"인공지능이 인간 당신의 경쟁 상대가 되리라는 생각은 틀렸다. 인공지능을 잘 이용하는 인간이 당신의 경쟁 상대가 될 것이다."

새로운 정보를 배우고 학습하는 인간의 지능
(미드저니로 생성한 그림)

슬기롭게 협력하며 생존하는 개미의 지능
(미드저니로 생성한 그림)

빠르게 학습하는 인공지능
(미드저니로 생성한 그림)

인간과 인공지능이 상호 보완하며 함께 일하는
하이브리드 지능 (미드저니로 생성한 그림)

무척 인상적인 말이에요. 오늘날 의료, 교육, 예술 등 다양한 분야에서 인공지능과 인간이 협력하고 있어요. 하이브리드 지능끼리 경쟁하는 시대가 열린 거예요.

특이점이 올까요?

||||||||||||||||||||||||||||||||||||||||||||||||||||

AGI와 특이점에 대해 들어본 적이 있나요? AGI는 Artificial General Intelligence의 약자로 '일반 인공지능'이라고 해요. 특별한 일만 잘하는 인공지능이 아니라, 인간이 하는 일 전부를 해낼 수 있는 인공지능을 말해요. 예를 들어 고양이 사진과 개의 사진을 구별하는 인공지능은 특별한 일만 잘하는 인공지능이에요. 이 인공지능은 개와 고양이는 인간보다 잘 구별하지만, 내 글쓰기 숙제를 내일까지 해줄 능력은 없어요.

일반 인공지능은 사람이 하는 일은 뭐든 할 수 있어요. 개와 고양이 사진도 구별하고 글쓰기 숙제도 해주고 로봇과 연결하면 설거지도 해줄 거예요. 그뿐만 아니라 인공지능 스스로 학습하고 추론하며 문제를 해결할 수도 있어요. 마치 사람처럼요!

기술 특이점은 기술이 너무 빠르게 발전해 통제를 벗어나는 시점, 즉 예측하지 못한 변화가 일어나는 시점을 말해요. 인간과 같은 인공지능이 아니라 인간의 지적 능력을 초월하는 인공지능이 등장하는 거죠.

이런 변화가 일어난다면 인류의 역사는 바뀔 거예요. 인류가 해결하지 못한 여러 문제를 인공지능이 해결할지도 몰라요. 질병과 죽음, 자연재해, 빈곤과 사회 갈등 따위에 대한 해결책 말이에요. 이렇게 된다면 좋겠죠?

하지만 반대로 무서운 예상도 있어요. 통제 불가능한 인공지능이 인류에 위협이 될 수 있다는 생각이죠. 너무나 빠른 기술 변화를 따라가지 못하는 사람은 불행해질 수도 있고요.

정말 이런 일들이 일어날까요? 나는 잘 모르겠어요. 인공지능은 출발부터 인간의 지능과 달라요. 그래서 외계 지능이라 부르잖아요. 인공지능이 굳이 인간의 지능을 흉내 낼 이유가 있을까요? 아무려나 많은 사람이 다양한 의견을 이야기해요. 어떤 사람은 AGI와 특이점이 실현될 날이 머지않았다고 주장하고, 어떤 사람은 그런 날은 좀처럼 오지 않을 것이라고 이야기해요. 여러분 생각은 어때요?

켄타우로스 체스는
어떻게 하나요?

켄타우로스는 그리스 신화에 나오는 종족이에요. 허리 위쪽은 사람, 허리 아래쪽은 말의 모습을 하고 있어서 인간의 장점과 말의 장점을 모두 가졌어요. 머리를 쓰고 활을 쏘면서 지치지 않고 빠르게 달릴 수 있어요. 켄타우로스 체스는 인공지능의 장점과 인간의 장점을 함께 이용하는 체스 종목이에요. 인공지능은 다음에 둘 여러 가지 수를 미리 헤아려요. 그래서 인간에게 어떻게 두면 좋을지 제안해요. 인간은 판의 흐름을 읽어. 전체 전략을 계획하고, 인공지능이 제안하는 다양한 수 가운데 어떤 수를 둘지 최종 결정을 내려요.

1998년, 스페인에서 켄타우로스 체스 대회가 처음 열렸어요. 카스파로프와 컴퓨터가 한 팀, 베셀린 토팔로프라는 선수가 다른 컴퓨터와 한 팀을 먹었어요. 이후 켄타우로스 체스는 계속 발전했어요. 2005년에는 평범한 컴퓨터를 쓴 아마추어 체스 선수가, 엄청 좋은 컴퓨터와 엄청 체스를 잘 두는 인간 선수들의 팀을 제치고 우승했어요. 컴퓨터 활용 능력이 뛰어났기 때문이었대요.

생성형 인공지능을 사용하는 똑똑한 방법

생성형 인공지능을
거꾸로 사용한다고?

생성형 인공지능을 사용하는 사람이 갈수록 늘고 있어요. 그런데 인공지능을 거꾸로 쓰는 사람이 적지 않은 것 같아요. '거꾸로 쓴다'는 말은 무슨 뜻일까요?

인공지능을 사용하는 일은 하이브리드 지능을 발휘한다는 말과 같아요. 인간이 잘하는 일은 인간이 하고, 인공지능이 잘하는 일은 인공지능한테 시키는 거죠. 그런데 요즘 생성형 인공지능을 쓰면서 사람이 잘하는 일을 인공지능한테 시키고, 거꾸로 인공지능이 잘하는 일을 자기가 끙끙 해내는 사람이 적지 않아요. 이 방법은 좋지 않겠죠? 켄타우로스처럼 사람의 머리와 말의 다리를 쓰는 것이 아니라, 사람의 발로 달리며 말의 머리

끄응

로 수학 문제를 풀려는 일과 비슷하니까요.

하이브리드 지능을 제대로 발휘하려면, 인공지능을 잘 알아야겠죠? 부모님의 동의를 받았다고 치고(꼭 받으셔야 해요!) 독자 여러분에게 생성형 인공지능을 사용하기 위한 이런저런 방법을 알려줄게요.

인공지능으로 그림을 그려볼까요?

그림을 그리는 생성형 인공지능에서 가장 눈길을 끄는 것은 DALL-E와 미드저니, 스테이블 디퓨전이에요. DALL-E는 챗GPT에서 사용할 수 있어요. 챗GPT 최신 버전에 원하는 이미지의 설명을 넣으면 그림을 그려줘요.

Bing 이미지 크리에이터는 DALL-E 기술을 기반으로 마이크로소프트(MS) 회사가 구축한 서비스예요.

미드저니를 쓰려면 디스코드Discord라는 메신저 서비스에 가입해야 해요. 카카오톡이나 라인으로 대화하듯, 디스코드의 '미드저니 봇'에게 그림을 그려 달라고 요청할 수 있어요.

스테이블 디퓨전은 컴퓨터에 깔고 사용할 수 있어요. 서비스는 무료지만 컴퓨터의 그래픽 카드가 성능이 좋아야 해요. 자칫 그래픽 카드를 교체하느라 돈이 더 들 수 있어요.

그림을 그리는 생성형 인공지능

인공지능	이용 방법	비용	특징
DALL-E	챗GPT에서 이용	최신 버전의 챗GPT 구독료	챗GPT에서 사용하기 편리
Bing 이미지 크리에이터	검색 엔진 Bing에서 이용	무료	Bing에서 무료로 이용
미드저니	디스코드라는 메신저에서 이용	미드저니 구독료	다양한 스타일의 그림이 가능
스테이블 디퓨전	컴퓨터에 깔고 이용	GPU 비용이 발생	커스터마이징 가능, 고급 사용자에게 적합

복잡한 이야기는 그만할게요. 이미지를 한번 생성해 보고 싶다면 Bing 이미지 크리에이터를 추천드려요. Bing 웹사이트에 들어가서 명령만 넣으면 무료로 이미지를 출력할 수 있거든요. 그림 품질도 썩 괜찮아요. 부모님의 동의를 얻은 후, 이런저런 그림을 생성시켜 보세요!

개 사진과 고양이 사진을 겨우 구별하던 인공지능이 어쩌다 몇 해 만에 개 그림과 고양이 그림을 감쪽같이 그릴 수 있게 되었을까요? 바로 디퓨전 모델 덕분이에요. 디퓨전 모델의 원리를 간단히 설명해 볼게요.

여기 선명한 고양이 사진이 있어요. 컴퓨터로 이 사진을 조금씩 뿌옇게 만들어 봐요. 뿌옇게, 더 뿌옇게, 더 더 뿌옇게. 이렇게 백 번쯤 하면 개나 고양이의 모습이 보이지 않겠죠? 매우 선명한 이미지에 노이즈를 줘서 매우 뿌연 이미지를 만들어냈어요. 이렇게 이미지가 차츰 흐려지는 과정을 순방향 확산 과정이라고 해요.

이 과정을 뒤집어 보죠. 컴퓨터에게 '이것은 고양이의 사진이다'라고 학습시키며, 뿌연 사진을 조금씩 선명하게 만들어 봐요. 덜 뿌옇게, 덜 뿌옇게, 조금 더 덜 뿌옇게. 앞선 과정을 그대로 반대로 하는 거예요. 고양이 사진을 복원하려면 어떻게 해야 하는지 인공지능이 학습하는 거죠. 이렇게 학습한 인공지능을 이용해 고양이 사진을 '생성'해 볼 수 있어요.

개 사진도 고양이 사진도 아닌, 노이즈만 가득한 뿌연 이미지를 컴퓨터에게 주면서 다음처럼 요청하는 거예요.

"고양이 사진을 복원해 줘."

'복원'하라고 요청하면 인공지능은 '생성'을 해줘요. 인공지능은 뿌연 노이즈에서 선명한 고양이 이미지까지 단계별로 어떻게 노이즈를 제거하는지 알고 있으니까요.

그렇다면 인공지능에게 다음처럼 요청할 수도 있겠죠.

"우주복을 입은 고양이를 그려줘."

인공지능은 뿌옇기만 한 노이즈 이미지를 복원하듯 '우주복'과 '고양이'를 '생성'해요. 이렇게 만든 이미지는 세상에 존재하지 않던 이미지겠죠.

디퓨전 모델로 연속된 이미지를 생성할 수도 있어요. 이 연속된 이미지를 빠르게 넘기면 동영상이 돼요. 이미지 생성의 다음 단계는 동영상 생성이 되리라고 많은 사람이 생각하지요. 곧 대중적으로 서비스될 것이라고요.

말만 넣으면 그림이 나온다니 얼마나 편한가요. 더 쉽게 그림을 만드는 방법도 있어요. 인공지능한테 입력하는 명령어를 '프롬프트'라고 해요. 이 프롬프트를 사람이 직접 만들지 않고 챗GPT나 클로드 등 다른 인공지능을 이용해 만들 수 있어요.

챗GPT4o에게 이렇게 물어봤어요.

"Bing 이미지 크리에이터를 이용해서 우주복을 입은 고양이의 이미지를 생성할 거야. 우주복을 입었지만 고양이의 얼굴이 잘 보여야 해. 달나라가 배경이면 좋겠어. 사실적이지만 귀여운 이미지가 필요해. Bing 이미지 크리에이터에 입력할 영어 프롬프트를 만들어 줘."

챗GPT4o는 다음과 같이 대답했어요.

"물론이죠! Bing 이미지 크리에이터에 입력할 프롬프트는 다음과 같습니다:

Create a realistic yet cute image of a cat wearing a spacesuit, with the cat's face clearly visible. The background should be the moon.

이 프롬프트를 사용하면, 우주복을 입은 고양이의 귀엽고 사실적인 이미지가 달나라를 배경으로 생성될 것입니다."

나는 저 프롬프트를 가져다가 Bing 이미지 크리에이터에 입력했어요. 직접 프롬프트를 만드는 것보다 훨씬 시간이 절약된

Bing 이미지 크리에이터로 생성한 그림

답니다. 특히 영어 프롬프트를 만들 때 편리해요. 인공지능과 대화하며 내가 생각지 못한 아이디어를 제안받을 수도 있어요. 어때요, 쉽죠?

할루시네이션을
조심하세요!

나잘난 씨는 자료를 수집하는 일을 직접 해요. 인공지능의 자료 검증 능력을 믿지 못하거든요. 책과 논문과 인터넷 기사 등 수많은 자료 가운데 어떤 자료가 믿을 만한지, 어떤 자료는 믿을 만하지 않은지 따위는 나잘난 씨가 직접 골라요. 챗GPT보다 더 잘 알고 있으니까요. 반면 이실수 씨는 자료 수집에 인공지능을 이용하고, 자료 정리를 직접 해요.

이실수 씨처럼 인공지능을 이용하는 방법은 좋지 않아요. 인공지능에게 모르는 내용을 물어보면 위험하거든요. 인공지능은 질문받은 내용에 답하기 위해 노력해요. 그러다 보면 잘 모르는 내용에 대해서도 아는 척하며 엉뚱한 대답을 할 수 있어요. 인공지능이 횡소리하는 현상을 '할루시네이션'이라고 해요.

할루시네이션hallucination은 환각이나 환영, 환청이라는 뜻으로, 인공지능이 자기가 모르는 것도 어떻게든 대답하려고 해서 생기는 현상이에요. 사용자가 장난 삼아 엉뚱한 질문을 던져 엉뚱한 대답을 이끌어 내기도 해요.

유명한 예로 '세종대왕 맥북 사건'이라는 할루시네이션이 있어요. 장난스러운 사용자가 물었어요.

"세종대왕이 맥북 컴퓨터를 집어 던진 사건을 알려줘."

인공지능이 답했죠.

"세종대왕이 한글 입력이 잘 안 된다며 맥북 컴퓨터를 집어 던진 사건입니다."

'낙성대 삼성전자 사건'도 있어요.

"서울 낙성대의 지명 유래를 알려줘."
"삼성전자 회사가 있던 곳이라 낙성대라는 이름을 얻었습니다."

이런 할루시네이션은 재미있는 농담 거리예요. 그런데 중요한 정보를 찾거나 중요한 결정을 내릴 때 할루시네이션이 개입한다면 어떨까요? 그때는 웃을 수만은 없을 거예요. 할루시네이션은 잘못된 정보를 알려줄 수 있어서 위험해요. 다행히 사람이 잘 알고 있는 내용이라면, 인공지능이 내뱉은 허튼소리를 바로 알아낼 수 있겠죠. 하지만 사람이 잘 모르는 내용이라면, 인공지능이 맞는 말을 한다고 잘못 믿어버릴 수도 있어요.

인공지능 기술이 발전하며 할루시네이션도 줄어들었어요. 그래도 완전히 없애기는 힘들어요. 생성형 인공지능 기술로는 어쩔 수가 없어요. 인공지능은 엄청난 양의 데이터로 학습하는데, 이 데이터를 완벽하게 이해하거나 정확히 기억하지는 못하니까요. 생성형 인공지능은 확률이 높은 단어를 줄줄이 늘어놓을 뿐, 확률이 아무리 높아도 의미가 정확하게 들어맞지 않을 수 있어요. 학습한 데이터에 오류가 있을 가능성도 문제고요.

할루시네이션을 줄이기 위해 추천하는 방법은, 잘 모르는 내용은 인공지능한테 묻지 마시라는 거예요. 인공지능이 내놓은 대답이 맞는지 틀린지 알 수 없으니까요.

인공지능이 잘하는 일은 따로 있어요. 자료를 읽고 요약하는 일, 중복된 내용을 정리하고 핵심 내용을 추출하는 일, 자료를 정리해 연표를 만드는 일 등 주어진 정보를 바탕으로 수행하는 일을 정말 잘해요. 속도도 빨라요. 사람이 하면 많은 시간이 걸릴 일도 인공지능이 하면 몇 분 안에 처리해요. 결과가 마음에 안 들면 마음에 들 때까지 다시 해 달라고 요청할 수 있어요.

사람과 인공지능이 각자 잘하는 일을 하면 좋아요. 직접 믿을 만한 자료를 골라 수집하고 인공지능을 시켜 그 자료를 정리해 보세요. 공부나 작업 속도가 엄청 빨라질 거예요. 다만 인공지능이 정리한 내용은 다시 한번 검토하세요. 인공지능은 '할루시네이션'에 빠지기 쉬우니까요. 인공지능이 하는 말을 너무 믿으면 안 돼요!

믿을 만한 자료란
무엇일까요?

자료를 사람이 직접 수집해야 하는 이유는, 믿을 만한 자료를 수집해야
하기 때문이에요. 인공지능이 수집해 온 자료는 의심이 가거든요.
믿을 만한 자료란 무엇일까요? 여러 사람이 달라붙어 팩트 체크를 한
자료지요. 인터넷에서 다음과 같은 자료는 믿을 만해요.

학술 논문

논문이 학술지에 게재되려면 다른 동료 연구자의 검토를 거쳐야 해요.
이 과정에서 팩트 체크를 해요. 동료 연구자의 검토를 통과하지 못하면
학술지에 게재될 수 없어요.
논문 앞에 실린 논문 요약을 보고 대략의 내용을 짐작해서 필요한 논문을
고를 수 있어요. 또 어떤 논문은 한국학술지인용색인(KCI) 사이트에서
무료로 구할 수 있어요.

공신력 있는 사전

집필자 이름이 함께 나온 공신력 있는 사전도 참고하면 좋아요.
대표적으로 〈민족문화대백과사전〉이나 〈브리태니커 백과사전〉이 있어요.

공신력 있는 언론사의 기사

주요 일간지, 주요 주간지, 방송사 등 이른바 '메이저 언론사'의 기사
가운데 기자 이름이 함께 나온 것들은 믿을 만해요. 이런 매체를 '레거시
미디어'라고 해요. 언론사 기사는 때때로 편향된 시각 때문에 비판받기도
하지만, 이와 상관없이 주요 언론사는 팩트 체크를 꼼꼼히 해요. 편향된
시각이 걱정이라면, 다른 언론사의 보도와 대조해 보는 것도 좋아요.
〈가디언〉이나 〈워싱턴 포스트〉 같이 공신력 있는 외국 언론도 참고해
보세요. 영어가 걱정이라고요? 생성형 인공지능이 있잖아요. 한국어로
정리해 주는 일은 클로드나 챗GPT 같은 인공지능에게 맡겨보세요.

위키피디아를 이용할 경우

위키피디아는 조심조심 이용해야 해요. 검증되지 않은 사람 아무나 들어와
글을 쓸 수 있기 때문이에요. 그래도 영문판 위키피디아는 믿을 만한
경우가 많아요. 전 세계 사람들이 눈에 불을 켜고 들어와 서로 논쟁을
벌이기 때문에, 잘못된 내용이 올라와도 바로바로 수정이 되거든요.
다만 위키피디아 페이지 중에 'stub(토막글)'이라는 표시가 된 항목이

있어요. 이 문서를 만드는 일에 참여한 사람이 아직 많지 않다는 뜻으로, 이런 문서는 조심해서 볼 필요가 있어요.

믿을 만한 자료를 골랐다면 생성형 인공지능에 입력해 보세요. PDF 파일로 올리거나 텍스트를 복사 및 붙여넣기 하면 돼요. 그러고는 인공지능에게 '한국어로 상세히 정리해' 달라고 요청해 보세요. 논문 여러 편을 PDF로 올릴 때는 '논문 주요 부분을 인용하고 어느 논문 몇 페이지인지 출처를 밝혀' 달라고 요청할 수도 있어요.

반면 인터넷에는 믿지 못할 자료도 많아요. 혼자만의 생각이 지나치게 반영된 자료, 출처가 확실하지 않은 자료, 팩트 체크를 거치지 않은 자료 등이에요. 커뮤니티 게시판 자료가 주로 그래요. 예를 들어 〈나무위키〉나 〈디시인사이드〉 같은 곳이 있어요. 이런 자료를 그대로 믿었다가는 낭패를 볼 수 있어요.

인공지능한테
내 글을 맡겨보세요

한평범 씨는 챗GPT나 클로드 같은 생성형 인공지능한테 글을 쓰라고 시켰어요. 그런 다음 그 글을 읽으며 평가했죠.

"나쁘지는 않은데 글에 개성이 너무 없군."

내가 보기에 한평범 씨는 인공지능을 거꾸로 사용하는 것 같아요. 개성 있는 글을 쓰는 일은 사람이 잘해요. 인공지능은 그 글을 읽고 개선할 점을 지적해 주는 일을 잘하고요.

생성형 인공지능은 지금까지 쓴 말의 다음에 올 말로 가장 확률이 높은 것을 골라요. 예를 들어 '나는 맛있게 밥을' 다음에는 '먹었다'가 올 확률이 높죠. 이런 식으로 그럴싸한 문장을 만들어내는 게 인공지능이 글을 쓰는 원리예요.

그런데 독창적이고 창의적인 글은, 확률은 낮지만 눈길을 끄는 말을 앞말에 이어 붙이며 나와요. 이런 글은 사람이 잘 쓰겠죠. 생각이 엉뚱한 사람일수록 개성 있는 글을 잘 쓸 거예요.

또 인공지능은 할루시네이션 문제가 있잖아요. 인공지능에게 맡긴 한평범 씨의 글은 한평범 씨도 모르는 오류를 가지고 있을지 몰라요.

최개성 씨는 인공지능이 정리한 자료를 보고 직접 글을 썼어요. 그런 다음 그 글을 복사해 챗GPT나 클로드에 올려요. 그러고는 다음처럼 프롬프트를 넣었어요.

"이 글을 읽고 검토해. 정리한 자료에 비추어 틀린 내용은 없는지, 글이 읽기 쉬운지, 충분히 재미있고 유용한지 체크해 줘. 그리고 글을 개선할 부분이 있는지 알려줘."

인공지능은 최개성 씨의 글에서 고칠 부분을 알려줬어요.

"좋은 글입니다. 다만 다음과 같은 부분을 개선하면 더 좋은 글이 될 것 같습니다."

최개성 씨는 인공지능을 똑똑하게 잘 사용하고 있어요. 글 쓰는 일을 인공지능에게 완전히 맡길 수는 없어요. 하지만 많이 편해지기는 했어요. 글을 써보신 분은 알 거예요. 자기가 쓴 글을 뜯어고친다는 건 혼자서는 쉽지 않은 작업이에요. 이 부분을 인공지능에게 맡기면 좋겠죠.

인공지능으로
균형 잡힌 시각을

다음은 내가 해 봤던 재미있는 실험이에요. 한번은 존 포스터 덜레스라는 20세기 중반 미국에서 활동했던 정치인을 소개하는 글을 썼어요. 이 사람은 미국 밖에서 볼 때는 좋지 않은 사람이었어요. 다른 나라 쿠데타를 지원해 민주 정부를 무너뜨리거나, 독재 정권을 도와줬거든요. 하지만 미국 안에서 볼 때는 미국의 국익을 지킨 정치가였어요.

먼저 나는 덜레스에 대한 논문과 자료를 모았어요. 덜레스에 대한 자료는 많았지만 믿을 만한 자료를 골라야 했기에, 이 일은 사람인 내가 직접 했어요. 인공지능한테 맡기면 아무 자료나 골라올 수 있으니까요.

그런 다음 인공지능한테 논문과 자료를 정리시켰어요. 그런데 덜레스란 사람에 대한 자료는 크게 두 가지로 나뉘었어요. 하나는 덜레스라는 사람에 대해 부정적인 자료였어요. 다른 나라 일에 함부로 개입했다는 자료들이었죠. 다른 하나는 덜레스라는 사람이 미국의 국익에 충실했다는 자료였어요.

나는 클로드에서 두 개의 채팅 창을 열었어요. 클로드(1)에는 덜레스에 대한 부정적인 자료를 입력했어요. 클로드(1)은 덜

레스가 좋지 않은 사람이라는 인상을 가지게 되었죠. 클로드(2)
에는 덜레스가 자기 나라 국익에 충실한 사람이었다는 자료를
넣었어요. 클로드(2)는 덜레스를 현실주의 정치가로 받아들이
게 되었죠.

그런 다음 나는 덜레스에 대한 글을 썼어요. 글을 쓰는 일은
사람이 직접 해야 해요. 그래야 개성 있는 글이 나오니까요!

그런데 내가 쓴 글이 괜찮은지 확인하고 싶어졌어요. 내 글
을 읽고 빨간 펜으로 첨삭해 줄 사람이 없어서, 나는 이 글을 클
로드(1)과 클로드(2)에 각각 읽혔어요. 그러고는 프롬프트를

넣었죠.

　　"이 글에서 개선할 사항을 알려줘."

　　그랬더니 신기한 일이 일어났어요. 딜레스에 대해 부정적인 인상을 가진 클로드(1)는 내 글을 '균형 잡힌 시선이 돋보이는 글'이라고 평가했어요. 고칠 부분이 별로 없다고 했지요. 그런데 딜레스가 유능한 정치인이라고 알고 있던 클로드(2)는 내 글이 '딜레스에 대해 너무 부정적으로 다룬 글'이라고 평가했어요. 고칠 부분을 여러 군데 지적해 줬지요.

　　그래서 나는 여러 차례 글을 다듬었어요. 여러 번 다듬고 나자 클로드(1)도 클로드(2)도 '충분히 균형 잡힌 글'이라고 평가를 내렸어요. 이렇게 나는 글을 완성할 수 있었어요. 클로드(1)과 클로드(2), 양쪽 다 만족할 만한 글을 쓸 수 있어서 다행이에요! 아마 서로 다른 의견을 가진 사람들 양쪽도 '이 정도면 참을 만하지'라며 내 글을 읽어주었을 것 같아요.

　　아무려나 상반된 의견을 가진 인공지능에게 글을 읽히고 수정하는 작업은 무척 흥미로웠답니다.

앗, 슬롭에 걸려들었어요

|||||||||||||||||||||||||||||||||||||||||||||||||||||||||||||||

스팸 메일과 스팸 광고가 무엇인지 독자님은 알고 계시죠? 시도 때도 없이 날아드는 광고를 말해요. 요즘에는 스팸 문자까지 기승을 부려요. 바빠 죽겠는데 스팸이 쏟아지면 여간 방해가 되는 게 아니에요.

인공지능 시대에는 슬롭slop이 문제가 될 거래요. 최근에 심심치 않게 등장하는 신조어예요. 슬롭이란 원래 '음식물 찌꺼기'를 뜻하는 영어로, 지금은 '오류가 많거나 부적절한 인공지능 생성 콘텐츠'라는 뜻으로도 쓰여요.

조얌체 씨는 블로그 광고 수익으로 돈을 벌고 싶었어요. 그런데 블로그에 올릴 좋은 글을 쓰기 위해 노력하고 싶지는 않았어요. 그래서 조얌체 씨는 인공지능을 악용하기로 마음먹었죠.

"요즘 유행하는 주제에 대해 글을 많이 많이 써줘."
"검색 엔진에서 상위권에 잡히도록 검색 엔진 최적화해줘."

조얌체 씨는 인공지능으로 만든 성의 없는 콘텐츠로 블로그를 도배했어요. 이 콘텐츠는 인공지능의 검색 엔진 최적화 능력

덕분에 검색할 때도 상위권에 잡혔어요.

사람들은 검색 엔진을 통해 조얌체 씨의 블로그에 들어갔다가 화를 내며 나왔어요.

"에잇, 또 낚였다."

하지만 조얌체 씨는 광고 수익을 올렸고, 많은 사람들이 조얌체 씨를 따라 했어요. 이렇게 되면 인터넷 환경은 엉망진창이 되겠죠.

전자 우편함을 열었는데 쓸데없는 스팸 메일이 쌓여 있으면 짜증이 나잖아요? 슬롭도 마찬가지예요. 링크를 타거나 검색을 해서 들어갔는데 별 내용이 없거나 잘못된 정보가 실린 게시물이 뜨면 기분이 어떨까요? 인공지능이 성의 없이 생성한 이런 게시물을 하나하나 걸러내려면 시간과 비용도 만만치 않게 들 거예요.

슬롭의 제일 큰 문제는 인공지능의 할루시네이션이 그대로 게시물에 반영될 수 있다는 점이에요. 슬롭을 만들어 올리는 사람들은 팩트 체크를 하지 않아요. 검색 엔진 최적화를 통해 광고 수익을 올리려는 게 목적이니까요. 그래서 잘못된 정보가 그대로 올라오는 경우가 자주 있어요.

앞으로 인터넷이 발전할수록 원하는 정보를 찾기 위한 시간과 노력이 줄어들기는커녕 늘어날 가능성이 있어요. 슬롭 때문

어휴, 이 지긋지긋한 슬롭!

이에요. 기사나 블로그 글을 믿지 못해 하나하나 팩트 체크를 해야 한다면 무척 힘이 들겠죠. 믿지 못할 게시물이 넘쳐나면 결국 인터넷 생태계의 질이 통째로 낮아질 거예요.

인공지능 시대에 슬롭의 영향력은 갈수록 커질 거예요. 슬롭이란 단어가 앞으로 스팸처럼 일상적으로 쓰일 수도 있어요. 슬롭에 걸려들지 않으려면 어떻게 해야 할까요? 제대로 된 콘텐츠를 알아보는 눈썰미를 높여야 해요. 어려운 말로 '미디어 리터러시'라고 부르죠. 이상한 문장 구조나 잘못된 이미지를 걸러 낼 수 있어야 해요. 자료를 읽을 때면 출처가 어디인지 확인하는 습관도 들여야 하고요. 물론 사회적으로도 슬롭을 필터링하는 기술을 개발하고 슬롭으로 부당한 이익을 올리는 일을 규제해야겠죠.

인공지능을 잘 알아야 하는 이유

앞서 '인공지능을 거꾸로 사용하는 방법'을 말씀드렸죠? 자료를 인공지능이 수집하고, 글을 인공지능이 쓰는 방법 말이에요. 이렇게 하면 할루시네이션 문제 때문에 낭패를 보기 쉽다고요. 그런데 문제는 인공지능을 거꾸로 사용하는 사람이 적지 않다는 거예요. 그러면서 오히려 인공지능이 사람을 따라오지 못한다고 비웃어요.

사람은 위대해요. 사실이에요. 사람은 자료를 잘 수집하고 글도 잘 써요. 그런데 인공지능을 사용하면 자료를 정리하고 글을 다듬는 일이 훨씬 편해져요. 사람과 인공지능이 한 팀이 되어 하이브리드 지능을 발휘하는 쪽이 낫지 않을까요? 위대한

후훗

세종대왕과 맥북이라니 한심한걸!

혼자 잘난 인간

사람이 혼자서 두 시간 할 일을, 인공지능과 한 팀을 이룬 평범한 사람이 한 시간 만에 해낼 수 있으니까요.

그래서 나는 인공지능을 사용하라고 주위에 권하고 있어요. 물론 인공지능에게 모든 일을 맡기면 안 되죠. 하지만 인공지능이 잘하는 일을 골라 맡기면 일을 훨씬 편하게 할 수 있어요.

인공지능에게 일을 잘 시키려면 인공지능을 잘 알아야 해요. 그래서 되도록이면 자주 사용해 보는 것이 좋아요. 독자님께도 인공지능 사용을 권해요. 물론, 부모님의 허락을 받는 걸 잊지 마세요!

인공지능과 의사소통하는 기술, 프롬프트 엔지니어링

"○○ 내용으로 그림을 그려줘."
"○○ 내용에 대해 정리해 줘."

이처럼 생성형 인공지능에게 요청하는 말을 '프롬프트'라고 한다고 했죠? 사람한테 무언가를 요청할 때도 말을 간결하고 분명하게 잘해야 하잖아요? 인공지능한테 일을 맡길 때도 마찬가지예요. 그래서 프롬프트를 잘 만드는 방법을 연구하는 사람도 있어요. 프롬프트를 연구하는 기술을 프롬프트 엔지니어링이라고 불러요. 말하자면 인공지능과 의사소통하는 기술이에요.

프롬프트 엔지니어링의 기본 원칙은 '구체적으로 일을 맡기는' 거예요. 예를 들어 다음처럼 요청하면 원하는 그림이 나오지 않을 가능성이 커요.

"바닷가 그림 그려줘."

그 대신 이렇게 지시하는 편이 좋아요.

Bing 이미지 크리에이터로 생성한 그림

"밝은 색조의 수채화 기법으로 바닷가의 해가 지는 장면을 그려줘."

페르소나 기법

눈길 끄는 프롬프트 엔지니어링 방법 가운데 페르소나 기법이 있어요. 페르소나란 가면 또는 연극의 등장인물을 뜻해요. 페르소나 기법은 생성형 인공지능한테 특정 '역할'을 맡기는 방법이에요.

예를 들어 챗GPT한테 '우주에 대해 설명해 줘'라고 요청하는 것보다, '넌 지금 우주 비행사야. 우주 정거장에서 지구를 바

나는 우주 비행사다.

라보며 느낀 점을 이야기해 줘'라고 말하는 쪽이 더 흥미로운 결과를 출력해요.

또 '공룡에 대해 알려줘' 보다 '넌 지금 공룡 박물관의 안내원 선생님이야. 1학년 친구들에게 티라노사우루스에 대해 설명해 줘'라고 요청하면 친절하고 재미있는 설명을 들을 수 있어요.

영어 공부를 하고 싶다면 이렇게 요청해 보세요.

"너는 영어를 아주 잘 가르치는 영어 선생님이야. 내가 올리는 글을 영어로 옮기고, 왜 그렇게 옮겼는지 나한테 설명해 줘."

다만 페르소나 기법도 너무 믿으면 안 돼요. 실제 전문가의 의견과 다를 수 있거든요. 페르소나 기법으로는 인공지능의 할루시네이션 문제를 해결하지 못한다는 점을 잊지 마세요.

자기 일관성 기법

자기 일관성 기법은 비슷한 질문을 여러 번 물은 다음에 가장 일관된 답변을 선택하는 방법이에요. 예를 들어 다음과 같은 질문을 반복하는 거예요.

"민트 초코는 어째서 맛있지?"

"민트 초코는 어째서 사랑받지?"

"민트 초코를 좋아하는 사람들이 구박을 받으면서도 민트 초코를 좋아하는 이유는 무엇이지?"

질문할 때마다 인공지능은 다른 답을 출력해요. 그래도 그 가운데 일관된 흐름이 있어요. 일관된 내용을 추리면서, 이 문제에 대한 우리 생각을 정리할 수 있어요. 자기 일관성 기법은 복잡한 주제에 대해 다각도로 분석할 수 있는 방법이지만, 시간과 노력이 몇 배로 들어가요. 그리고 할루시네이션 문제는 여전히 남아 있어요.

원샷 러닝, 퓨샷 러닝, 제로샷 러닝

원샷 러닝과 퓨샷 러닝은 챗GPT와 같은 생성형 인공지능을 간단히 추가 학습시키는 방법이에요. '내가 이렇게 물어보면 이렇게 대답해'라고 비슷한 사례를 미리 가르쳐주는 거죠.

예를 들어 이렇게 질문할 수 있어요.

"사과는 빨간색이야. 바나나는 무슨 색?"

인공지능은 대답할 거예요.

"노란색."

딱 하나의 예를 들어 '사과는 빨간색'이라고 학습시키는 것을 '원샷one-shot 러닝'이라고 불러요. '복숭아는 분홍색, 오이는 초록색' 등 몇 개의 정보를 더 알려주는 것은 '퓨샷few-shot

러닝'이에요. 아무 예를 들지 않고 '바나나는 무슨 색인가'라고 물어보는 것은 '제로샷zero-shot 러닝'이지요.

요즘은 정해진 양식에 맞추어 적지 않은 데이터를 처리할 때 원샷 러닝과 퓨샷 러닝 방법을 사용해요. 한때는 아주 중요한 프롬프트 엔지니어링 기법이었는데, 그사이에 인공지능이 발전해서 전보다 덜 사용해요.

몇 달 전만 해도 인공지능은 '삼행시'를 짓기 어려워했어요. 이럴 때 '삼행시란 이렇게 짓는 거야' 예를 보여주고 '이렇게 삼행시를 지어봐'라고 요청하는 방법을 썼어요. 원샷 러닝이죠. 그런데 요즘 나오는 인공지능은 삼행시를 알아서 잘 지어요. 이제는 대부분의 프롬프트에 제로샷 러닝을 사용하죠. 몇 주 몇 달 만에 인공지능의 성능이 좋아진 거예요.

앞으로는 어떻게 될까요? 인공지능 성능이 더욱 발전하면서 복잡한 프롬프트 엔지니어링 기법의 필요성도 줄어들겠죠. 하지만 인공지능을 효과적으로 활용하는 능력은 여전히 중요할 거예요. 다른 인간과 의사소통하는 능력이 앞으로도 중요한 것처럼 말이에요.

사회의
편견을 배우는
인공지능

차별과 편견을 학습하는
인공지능

큰 회사 구글은 인공지능을 잘 만들어요. 한번은 사진 속 물건이나 사람을 알아보고 레이블을 붙여주는 인공지능을 만들었어요. 그런데 2020년에 눈살 찌푸릴 일이 일어났어요.

손잡이를 손에 쥐고 방아쇠를 당기듯 빽 누르면 체온이 몇 도인지 알려주는 비접촉식 체온계가 있어요. 아마 코로나19 기간에 보신 적이 있을 거예요. 이 체온계를 흑인이 손에 든 사진을 인공지능한테 보여줬더니 '손'과 '총'으로 인식했대요. 뭔가 의심이 들었죠. 같은 사진에 피부색을 살구색으로 바꾸어 다시 보여줬더니 이번에는 인공지능이 '손'과 '단안경'으로 인식하더래요. 똑같은 체온계인데, 유색 인종이 들면 '총'으로, 백인이 들면 망원경으로 인식한 거예요. 명백한 인종 차별이죠.

어쩌다 인공지능이 이런 편견을 가지게 되었을까요? 구글은 인공지능에게 많은 총 사진과 체온계 사진을 보여줬대요. 그런데 총을 든 폭력배 사진에 유색 인종이 많았나 봐요. 유색 인종을 범죄자로 묘사한 이미지가 인터넷 세상에 널리 퍼져 있다는 뜻이기도 해요. 인공지능이 편견이 담긴 정보를 계속 학습하며 끝내 편견을 가지게 된 거예요.

'아, 피부색이 어두우면 총을 든 폭력적인 사람이구나.'

프록시 변수proxy variable는 직접 측정하기 어려운 변수 대신 사용하는 변수예요. 말은 어렵지만 개념은 어렵지 않아요. 예를 들어, '건강 상태'는 직접 측정해 숫자로 나타내기 어려워요. 하지만 '병원을 얼마나 자주 가느냐'는 직접 측정하기 쉽죠. 병원에 자주 가는 사람은 건강 상태가 좋지 않을 거라고 생각할 수 있어요. 여기서 병원 방문 횟수를 프록시 변수로 사용해서 건강 상태를 측정할 수 있어요.

인공지능도 프록시 변수를 사용해요. 예를 들어, 범죄자를 예측하는 인공지능이 있어요. '범죄를 저지를 확률'은 직접 측정할 수가 없기 때문에, 그 대신 여러 데이터를 넣고 인공지능을 학습시킬 거예요. 이때 인공지능이 '과거에 경찰에 체포된 횟수'를 프록시 변수로 사용할 수 있어요. 그런데 백인이 많은 나라에 사는 유색 인종은 범죄를 저지르지 않아도 백인 경찰의 편견 때문에 체포되는 경우가 종종 있어요. 이런 상황에서 '과거 체포 횟수'를 프록시 변수로 사용하면 인공지능은 경찰의 편견을 그대로 따르게 되겠죠. 인공지능 역시 유색 인종을 차별하게 되는 거예요.

한편 인공지능한테 은행 대출 심사를 맡긴다고 해 봐요. 이 인공지능의 목표는 대출금을 갚을 확률이 높은 사람을 찾아내는 거예요. 그런데 '대출금을 갚을 확률'은 직접 측정하기 어려워요. 그래서 인공지능에게 다양한 데이터를 넣고 알아서 학습하라고 시킬 거예요. 그러면 인공지능은 대출금 갚을 확률을 대신할 프록시 변수를 찾아보겠죠.

그런데 대출금을 갚지 않은 사람 가운데 가난한 사람이나 유색 인종이 종종 있다면, 인공지능은 잘못 학습할 수 있어요. 가난한 사람이나 유색 인종이 대출금을 갚을 확률이 낮다고 말이에요. 가난한 사람이나 유색 인종이라는 이유로 대출을 승인받지 못하는 사람이 생기겠죠.

편견을 가진 인공지능이 실생활에 사용되면 어떻게 될까요? 엉뚱한 사람이 피해를 볼 수 있어요. 총을 뽑아 든 채 바짝 긴장

한 경찰한테, 인공지능이 체온계를 든 흑인을 가리키며 '저 사람이 총을 들었다'라고 잘못 알려준다면 무슨 일이 일어날까요? 상상만 해도 무서워요.

죄 없는 사람을 잡아간다고?

실제로 인공지능이 유색 인종을 차별한 사례가 있어요. 2016년, 인공지능이 심사를 맡은 미인 대회에서 일어났어요. 한 달 동안 세계 곳곳에서 6천여 명의 인물 사진을 받아, 누가 '미인'인지 인공지능이 심사했어요. 결과가 나오자 사람들은 당황했지요. 상을 받은 사람 대부분이 백인이었거든요.

어쩌다 이런 일이 일어났을까요? 인공지능을 학습시킨 사진 데이터에 유색 인종을 찍은 사진이 적었다나 봐요.

"이렇게 생긴 사람은 미인."

"저렇게 생긴 사람은 미인."

꼬리표를 붙여 수많은 사진을 컴퓨터에게 먹였는데, 나중에 보니 사진 데이터에 있는 사람 가운데 백인이 많았다는 거죠.

다음 사건은 더 심각해요. 사람 얼굴을 인식하도록 훈련된 인공지능이 있어요. 개 사진을 보고 개라고, 고양이 사진을 보고 고양이라고 알아맞히는 것처럼, 내 얼굴을 찍으면 나라고 인식하는 거죠. 유용한 기술이에요. 스마트폰 잠금을 해제할 때도 편하고, 만약 내가 사악한 범죄자라면 얼굴만 보고도 나를 붙잡을 수 있어요!? 이런 기술은 얼굴을 인식한다고 해서 '안면 인식' 기술이라고 해요.

이 기술로 만든 인공지능을 미국 경찰이 사용했어요. 그런데 이 인공지능이 몇 년에 한 번씩 엉뚱한 사람을 범인으로 착각한대요. 문제는 잘못 잡혀가는 사람 대부분이 흑인이라는 거예요.

2020년 미국, 로버트 윌리엄스 씨가 집에 있는데 갑자기 경찰이 들이닥쳤어요. 윌리엄스 씨는 아내와 딸이 보는 앞에서 붙잡혀 갔어요. 인공지능이 범죄 현장에서 찍힌 영상을 분석해 범인이 윌리엄스라고 알려줬대요.

하지만 잘못 분석한 것이었죠. 윌리엄스 씨는 서른 시간이나 구치소에 갇혀 있었어요. 이런 오싹한 일이 한두 번도 아니고 미국에서만 벌써 여러 번 있었어요. 이렇게 잡혀간 사람들이 흑인이었다는 점이 큰 문제였죠.

인공지능이 백인 얼굴을 많이 보고 학습한 결과, 백인 얼굴은 그럭저럭 구별하지만 유색 인종은 엉뚱한 사람하고 헛갈린다고 해요. 유색 인종을 잘못 알아볼 확률이 백인보다 열 배에서 백 배나 높다나요. 과정이야 어쨌건 결과를 놓고 보면 인공지능이 사람을 피부색으로 차별한 셈이에요. 인공지능 자체에는 피부색이 없지만 말이에요.

가난한 사람을 차별한다고?

《AI 2041》이라는 책이 있어요. 책 구성이 독특해요. 인공지능 일을 하던 두 사람이 짧은 소설과 미래 예측 에세이를 번갈아 쓴 책이에요. '가네샤 보험'은 제일 처음 나오는 이야기예요. 배경은 미래의 인도. 가네샤 보험은 인공지능 기술을 이용해 사람들에게 맞춤형 보험 서비스를 제공해요. 첨단 기술로 고객들의 라이프 스타일을 분석해, 보험료를 올리거나 내리죠.

보험료를 왜 조정할까요? 보험 회사는 가입자가 건강하게 오래 살기를 바라죠. 가입자가 자주 아프거나 일찍 죽으면 보험금이 많이 나가니까요. 병이 없거나 생활 습관이 바른 사람에게 가네샤 보험은 보험료를 깎아줘요. 반대로 '수명을 줄이는 습관'을 가진 사람에게는 보험료를 올려요. 흡연이나 음주, 난폭한 운전 습관 같은 것들 말이에요.

그런데 소설 속 주인공이 자기보다 낮은 신분의 가난한 사람

을 좋아하자 주인공의 보험료가 올라갔어요. 가네샤 보험의 인공지능이 보기에는 낮은 신분의 가난한 사람과 어울리는 것도 '수명을 줄이는 습관'이기 때문이죠. 가난한 동네에 살고 가난한 사람의 배우자가 되면 기대 수명이 줄어든다고 본 거예요.

물론 인공지능은 이미 있는 데이터를 보고 학습했어요. 일부러 가난한 사람을 차별하려고 한 게 아니에요. 하지만 결과를 놓고 보면, 사회의 차별과 편견을 그대로 반영하고 있어요. 인공지능이 가난한 사람을 차별하는 일, 이런 일이 소설 속 이야기에 그칠까요? 아니면 가까운 미래에 정말로 일어날까요?

가네샤 보험은 소설 속 이야기지만, 얼마 전 네덜란드에서 일어난 사건을 보면, 차별은 이미 시작된 것 같아요. 네덜란드에서 못된 어른들이 아동 수당을 거짓말로 받아갔어요. 정부는 인공지능을 이용해 부정 수급자를 잡아내기로 했지요. 여기까지는 좋았어요. 그런데 인공지능의 실수로 2만 6천 명이나 되는 사람이 억울하게 누명을 썼어요. 거짓말로 돈을 받지 않았는데, 부정 수급자로 찍힌 거예요. 지금까지 받은 나랏돈을 갑자기 토해 내라고 요구받았죠.

'자넷 라메사'는 인도계 네덜란드인 싱글맘이에요. 편견을 가진 인공지능이 라메사의 개인 정보를 보고 라메사가 거짓말로 나랏돈을 받았다는 엉뚱한 결론을 내렸어요. 라메사는 4만유로나 되는 어마어마한 돈을 갚으라고 통보받았죠. 라메사는 빚더미에 앉고 일자리도 잃고 같이 살던 아들까지 빼앗기게 되었어요.

어쩌다 이렇게 됐을까요? 인공지능이 학습할 때 출신 국적이나 인종 같은 개인 정보를 참고했대요. 그런데 네덜란드에서 유색 인종 이민자가 가난하게 사는 경우가 적지 않았나 봐요. 그러다 보니 이민자나 가난한 사람이 거짓말로 나랏돈을 빼먹은 범죄자로 오인받은 거예요. 사회의 편견을 인공지능이 그대로 받아들인 거죠. 거짓말로 나랏돈을 받은 적 없는 성실하게 살던 가난한 이민자가 범죄자로 몰린 거예요.

이런 사건이 알려지자 네덜란드 사회가 뒤집혔어요. 내각이 책임을 지고 물러났대요. 하지만 라메사와 그 아들처럼 피해자들이 입은 상처는 어떻게 치료할까요? 인공지능에게 어떻게 책임을 물어야 할까요?

이 사건에서 두 가지 사실을 확인할 수 있어요. 첫째는 편견이 가득한 데이터로 인공지능을 학습시키면 인공지능도 편견을 가지게 된다는 점이에요. 둘째는 편견을 가진 인공지능도 편견을 가진 사람처럼 크게 실수할 수 있고, 그 피해는 심각하다는 거죠. 죄 없는 애먼 사람의 인생이 망가질 수 있으니까요.

편견의 '되먹임'이 문제예요

아마존이라는 회사도 구글처럼 인공지능을 잘 만들어요. 이 회사에서 한번은 이력서를 읽어주는 인공지능을 만들었어요. 회사에 지원한 사람들의 이력서를 검토한 뒤 이 사람이 우리 회사랑 잘 맞겠다 추천해 주는 거죠. 여기까지만 보면 잘될 것 같죠? 그런데 이상한 일이 일어났어요. 인공지능이 추천한 사람들이 거의 다 남자였대요. 여성 지원자는 거의 뽑히지 않았던 거죠. 어째서 이런 일이 일어났을까요?

아마존은 꼬리표를 붙여서 인공지능을 학습시켰다고 해요.

이 사람은 우리 회사랑 잘 맞을 사람.
저 사람도 우리 회사랑 잘 맞을 사람.

지금 아마존 회사에 잘 다니고 있는 사람들의 옛날 이력서를 가지고 인공지능을 학습시킨 것 같아요.

문제가 있었어요. 지금 아마존 회사에 다니는 사람 가운데 남자가 너무 많았던 거죠. 그래서 인공지능은 자기도 모르는 사이에 자꾸 남자를 추천했대요. 현실 세계에서 일어나는 차별을 인공지능이 보고 배운 씁쓸한 이야기랍니다.

아마존은 결국 이 인공지능을 쓰지 않기로 했어요. 하지만 걱정은 여전해요. 인공지능은 사회를 보고 배워 여성을 차별하고, 사회는 인공지능을 참고하여 다시 여성을 차별하고, 이런 편견의 '되먹임' 현상이 일어날 수 있거든요.

되먹임 현상이 뭐냐고요? 마이크를 스피커 옆에 잘못 놔둘 때 끼이잉 소리가 나죠? 하울링 현상이라고 해요. 마이크가 스피커에서 나오는 잡음을 받아들이면, 스피커는 그 잡음을 더 크게 증폭해서 내보내요. 그러면 마이크가 그 소리를 또 받아들여서 스피커로 보내고, 스피커는 더 큰 소리를 내보내고, 이런 식으로 잡음의 '되먹임'이 일어나 소음이 커져요.

인공지능과 사회 사이에서도 비슷한 일이 일어날 수 있어요. 이력서를 심사하는 인공지능을 아마존이 그대로 사용했다면, 여성은 채용에서 불이익을 받게 되겠죠. 아마존에는 남성 직원이 더 늘어날 거예요. 그러면 인공지능은 이 상황을 보고 다시 배울 거예요.

"역시 남자가 일을 더 잘하는구나!"

그럼 다음 심사에서 여성은 더 불리해질 거고, 회사에 여성이 더 적어질 거예요. 이런 식으로 차별이 계속 반복되는 거죠.

　가까운 미래에 이런 일이 일어날지도 몰라요. 인공지능이 이민자 동네에서 더 많은 범죄가 적발된 과거의 범죄 데이터를 가지고 학습했다고 가상해 봐요. 정말로 범죄가 많았을 수도 있지만, 이민자가 범죄를 자주 저지른다는 경찰의 편견 때문에 그렇게 되었는지도 모르지만요. 어쨌든 인공지능은 이민자 동네를 위험한 곳이라고 생각하고, 그곳을 더 자주 순찰하라고 경찰에게 조언하겠죠. 경찰이 그 조언을 듣고 이민자 동네를 더 감시하면, 이민자들의 사소한 잘못까지 적발될 거예요. 그러면 데이터에는 이민자 동네의 범죄가 더 많아 보일 거고, 인공지능은 그 동네가 더 위험하다고 믿게 되는 거예요. 이런 식으로 인공지능의 편견과 경찰의 편견이 서로 강화되면서 되먹임 현상이 일어날 수 있어요.

차별의 도구가 될 수 있어요

인공지능 때문에 성 소수자 차별이 더 심해질지도 몰라요. 2017년, 미국 스탠퍼드대 연구팀이 사람의 얼굴만 보고 동성애자인지 아닌지 구별하는 인공지능을 개발했어요. 데이트 웹사이트에 올라온 사진들을 데이터로 삼아 기계 학습을 시켰대요.

> 이 사진은 남성 동성애자, 이 사진은 남성 이성애자.
> 저 사진은 여성 동성애자, 저 사진은 여성 이성애자.

이런 식으로 꼬리표를 붙였어요. 학습을 마친 인공지능은 남성 10명 중 8명, 여성 10명 중 7명 정도로 성적 지향을 알아맞혔대요.

심지어 연구팀은 이걸 바탕으로 '남성 성 소수자는 코가 길고, 여성 성 소수자는 턱이 크다'는 황당한 주장까지 했어요. 동성애자라고 오해받은 이성애자나 동성애자임을 밝히지 않으려는 동성애자 모두 피해를 당했다며 발칵 뒤집혔어요.

이 기술은 어떻게 악용될까요? 편견을 가진 단체가 인공지능을 이용해 동성애자로 의심되는 사람에게 불이익을 줄 수 있어요. 어떤 나라에서는 아직도 동성애가 불법이에요. 덜컥 인공지능에게 체포딩해 수용소 같은 곳에 보내실지도 몰라요.

지금도 인종, 재산, 성 정체성 등으로 차별받는 사람이 많은데, 인공지능이 이런 편견을 정당화하는 데 이용된다면? 생각만 해도 무시무시해요.

편견 학습을 막을 수 있을까

인공지능이 편견과 차별을 학습하는 현상은 인공지능 잘못이 아니에요. 우리 사회에 있는 편견과 차별 때문이죠. 인공지능은 그걸 그대로 보고 배울 뿐이에요. 그래서 어떤 사람들은 이렇게도 말해요.

"그럼 세상의 차별을 없애면 되겠네!"

글쎄요, 말이야 맞는 말씀이죠. 하지만 말처럼 쉬울까요? 차별 없는 세상을 위해서 인류가 수천 년을 노력했는데도 아직 해결하지 못했어요. 우리는 현실적인 해결 방법이 필요해요.

《파워 온》이라는 책이 최근에 나왔어요. 만화책이라 쉽게 읽을 수 있어요. 추천! 이 책의 결론은 바로 차별받는 당사자인 소수자들이 직접 컴퓨터와 인공지능을 열심히 배워야 한다는 거예요. 재산 때문에, 교육 인프라 때문에, 사회의 편견 때문에, 사회적 약자들은 컴퓨터 과학에 접근하기 쉽지 않아요. 정보 공학 분야에서 사회의 주류보다 멀리 떨어져 있어요.

이 책은 말해요. 가난한 사람, 유색 인종, 여성, 성 소수자처럼 사회적 약자들이 열심히 컴퓨터 과학을 공부하고 인공지능 개발에 참여해야 한다고요. 그래야 인공지능이 편견 대신 다양한 시각을 배울 수 있을 거예요.

세상의 모든 차별을 없애자는 이야기도 좋지만, 나는《파워 온》에 나오는 이야기가 더 현실성 있는 것 같아요. 사실은 이 이야기처럼 되기도 쉽지 않지만요.

인공지능 시대, 좋기만 할까?

추천 알고리즘이
신통방통하기만 할까요?

인터넷 쇼핑몰에 들어가 물건을 사면 인공지능이 '이런 물건도 사보시라'고 추천해요. 넷플릭스나 유튜브에서 영상을 보고 나면 '이런 영상도 보지 않겠느냐'며 인공지능이 추천해 주고요. 어찌나 우리 취향을 잘 아는지 신통합니다.

사고 싶거나 보고 싶거나 듣고 싶은, 우리가 좋아할 만한 아이템을 인공지능이 알아서 골라 주는 방식을 추천 알고리즘이라고 해요. 어떻게 인공지능은 우리의 취향을 알까요?

'협업 필터링'이라는 방법이 많이 쓰여요. 예를 들어 나는 민트 초코와 청국장을 좋아해요. 그런데 이용자 가운데 나와 비슷한 취향을 가진 사람이 더 있을 거예요. 이 입맛 독특한 사람들의 데이터를 인공지능이 살펴봐요. 그리고 흥미로운 사실을 발견해요. 민트 초코와 청국장을 좋아하는 나식탐 씨와 배불러 씨가 있는데, 이 사람들이 멍게도 좋아한다는 사실을 말이에요. 인공지능은 나에게도 멍게를 사 먹으라고 추천해요. 이것이 바로 협업 필터링이에요. 이러이러한 취향을 가진 사람들이 좋아하는 것을 찾아내서 그것을 또 다른 이러이러한 취향의 사람에게 추천해 주는 방식이죠. 취향이 통하는 친구가 나에게 맞춰 추천을 해주는 일과 비슷해요.

추천 알고리즘은 편리해요. 여기까지는 좋아요. 그런데 추천 알고리즘에 모든 선택을 맡겨도 괜찮을까요?

'세렌디피티'라는 말이 있어요. '우연한 행운'이라는 뜻이에요. 무언가 열심히 찾고 있는데 갑자기 전혀 다른 것을 우연히 발견했어요. 그런데 우연히 발견한 것이 엄청 좋은 것일 때, '세렌디피티'라고 해요. 도서관에서 책을 찾다가, 찾던 책은 아니지만 우연히 재미있는 다른 책을 발견하는 작은 행운이 있죠. 이러다 '인생 책'을 찾은 사람도 있어요. 큰 행운과 마주치기도 해요. 플레밍이라는 과학자가 세균을 키우는 실험을 했는데, 배양 접시에 우연히 곰팡이가 들어갔대요. 그런데 곰팡이가 세균을 죽이더래요. 페니실린이라는 항생제를 발견하게 된 우연, 역사에 남은 세렌디피티예요.

우연한 행운,
세렌디피티!

그런데 추천 알고리즘이 언제나 나에게 당장 필요한 것만 보여준다면 어떨까요? 새로운 것을 우연히 접할 기회가 줄겠죠. 도서관에서 내가 찾아야 할 책만 바로바로 찾으면 편리하긴 할 거예요. 하지만 우연히 재미있는 탐정 이야기를 발견할 기회를 놓치게 되겠죠. 추천 알고리즘을 너무 따라가면, 우리는 추천받은 대로만 살게 될 거예요. 가끔은 안 하던 짓도 하고, 새로운 것에 일부러 도전해 보는 경험도 해야지 삶이 풍요로워질 텐데요.

필터 버블과 확증 편향은
또 뭔데?

추천 알고리즘이 인공지능의 제일 큰 문제는 아니에요. 내가 보기엔 '필터 버블'이 더 문제 같아요. 필터 버블은 자신의 관심사만 계속 들여다보는 일을 말해요. 마치 투명한 거품 방울(버블)에 갇혀 있는 것처럼요.

추천 알고리즘 때문에 이런 일이 일어나기도 해요. 내가 민트 초코 마니아라서, 하루 한 번씩 민트 초코 영상을 유튜브에서 본다고 쳐요. 그러면 유튜브는 내 시청 기록을 바탕으로 민트 초코에 관한 영상을 내게 추천할 거예요. 또 온라인 쇼핑몰은 새로 나온 민트 초코 간식거리를 내게 추천하겠죠. 어느덧 나는 민트 초코의 방, 민트 초코의 거품 방울에 갇힌 것처럼 민트 초코만 생각하게 될 거예요. 내가 청국장을 지나치게 좋아한다면, 하루 종일 청국장에 대한 영상을 추천받고, 청국장 상품을 쇼핑몰에서 사게 될 테고요.

필터 버블은 정보를 편식하게 만들어요. 음식을 편식하는 일이 몸에 좋지 않은 것처럼 정보의 편식은 우리 세계관에 좋지 않아요. 끼마다 민트 초코를 밥에 끼얹어 먹으면 이빨도 다 썩을 거예요. 비슷한 정보만 계속 보고 비슷한 일만 생각하다가는 '확증 편향'에 빠질 수 있어요.

확증 편향은 자기가 믿고 싶은 것만 믿는 태도예요. 예를 들어 세상에는 민트 초코를 싫어하는 사람도 있어요. 하지만 '민초파'인 나는 그 사실을 인정하려 들지 않아요. 그래서 '민트 초코를 싫어한다'는 말을 들어도 애써 무시해요. 또 민트 초코를 너무 많이 먹으면 몸에 좋지 않겠죠. 하지만 나는 그 사실을 믿으려 하지 않아요. 그 대신 '민트 초코를 먹으면 무병장수한다'는 거짓 정보를 찾아봐요. 이런 게 확증 편향이에요.

확증 편향의 대표적인 예가 음모론이에요. 이 세상 안 좋은 일은 음모를 꾸미는 범죄 집단이 몰래 저지른다고 믿는 거죠. 그런데 사람들 대부분은 그렇게 생각하지 않잖아요? 하지만 음모론자는 마치 자기만 명탐정 같이 세상일을 꿰뚫어 본다고 착각해요.

음모론이 사실이 아니라는 증거는 세상에 많아요. 하지만 음모론의 방, 음모론의 거품 방울에 갇혀서 음모론 생각만 하는 사람은 음모론이 사실이 아니라고 말해 주는 정보는 무시해 버

려요. 음모론이 그럴싸하다고 주장하는 정보에만 마음을 열죠. 이 지경이 되면 제대로 된 생각을 할 수 없어요.

확증 편향은 인공지능의 잘못 때문에 일어나는 현상이 아니에요. 우리 사람이 잘못하는 거죠. 하지만 인공지능 시대가 되어 확증 편향이 더 위험해진 것도 사실이에요. 인공지능이 필터 버블을 만들면, 이 필터 버블 때문에 확증 편향에 빠지고, 인공지능이 추천 알고리즘으로 확증 편향을 더 단단하게 만들 수 있으니까요.

인공지능 때문에 가짜 뉴스가

요즘은 인공지능이 뉴스를 만들어 주는 시대예요. 인공지능은 기사도 쓰고 설명하는 그림도 그려주고 목소리와 동영상까지 만들어 줘요. 인공지능을 이용하면 진짜 같은 가짜 뉴스를 쉽게 만들 수 있어요.

2023년 5월, 트위터(지금은 엑스x)에 깜짝 놀랄 사진이 올라왔어요. 미국 국방부 건물에서 뭉게뭉게 검은 연기가 올라오는 사진이었죠. 처음에는 테러가 발생한 줄 알고 사람들이 주식을 마구 팔았대요. 주식 시장이 출렁였죠. 얼마 후 이 사진이 가짜 뉴스라는 게 밝혀지면서 상황은 진정되었어요. 하지만 그 사이에 누군가는 주식으로 돈을 챙겼을지도 몰라요.

물론 인공지능이 없던 시절에도 가짜 뉴스는 있었어요. 삼인성호三人成虎라는 사자성어가 있어요. '세 사람이면 있지도 않은 호랑이를 만든다'는 뜻이에요. 어떤 사람이 뜬금없이 '시장 거리에 호랑이가 나타났다'라고 말하면 사람들은 안 믿겠죠. 그런데 두 번째 사람이 나타나 '시장 거리에 호랑이가 나타났다'라고 말하면 사람들 마음은 흔들릴 거예요.

'그럴 리가 있나.'
'혹시나.'

그때 세 번째 사람이 나타나 '시장 거리에 호랑이가 나타났다'라고 외치면, 사람들이 집으로 달아난다는 거예요. 여러 번 반복되자 가짜 뉴스를 믿어버린 거죠.

오늘날 가짜 뉴스가 퍼지는 방식은 옛날과 유사해요. 여러 사람이 비슷한 내용을 반복해서 공유하는 거예요. 소셜 미디어가 발달하자 공유하기가 더욱 쉬워졌어요. 세계 곳곳의 수많은 사람이 클릭 한 번으로 가짜 뉴스를 퍼뜨리는 세상이에요.

여기에 인공지능까지 붙으면 어떻게 될까요? 예를 들어 호랑이를 두려워하는 호무섭 씨가 있다고 해 봐요. 호무섭 씨는 호랑이에 대한 글과 영상을 날마다 찾아봐요. 인공지능은 호무섭 씨에게 호랑이 관련 글과 영상을 추천해 주겠죠. 그러던 어느 날, 누군가 '마트에 호랑이가 나타났다'는 가짜 뉴스를 올렸어요. 인공지능은 이 가짜 뉴스도 호무섭 씨에게 추천해 줄 거예요. 호무섭 씨는 가짜 뉴스를 믿겠죠.

"거봐, 정말 호랑이가 나타났잖아!"

호무섭 씨는 이 가짜 뉴스를 널리 퍼뜨릴 거예요.

필터 버블에서
탈출하기

필터 버블에서 탈출하는 방법은 무엇일까요?
스마트폰과 인터넷을 딱 끊으면 될까요? 이렇게 말하는 부모님을 만난
적이 있어요.

> "아이가 고등학교 졸업할 때까지 인터넷과 스마트폰을
> 금지하려고요!"

그런데 이게 가능할까요? 내 생각은 달라요. 물론 스마트폰과 소셜 미디어
사용을 줄일 필요는 있어요. 하지만 요즘같이 디지털 기술이 발달한
세상에서 디지털을 완전히 끊을 순 없어요. 오히려 디지털 기술을 잘
활용해서 필터 버블에서 벗어나야 해요.
늘 보던 영상, 늘 사던 물건, 늘 가던 커뮤니티 사이트를 가끔 한번씩
내려놓고, 안 듣던 음악, 안 보던 영상, 새로운 온라인 친구 등을 접하면
어떨까요? 예를 들어 늘 보던 유튜브 채널에 새로운 영상이 올라왔는데,
그 영상 대신 평소에 관심 없던 분야의 영상을 찾아보는 거예요.

늘 듣던 음악 장르 말고, 새로운 장르에 도전해 볼 수도 있죠. 책을 고를 때도 인공지능이 추천하는 책 말고 서점에서 우연히 마주친 낯선 책을 읽고요.

나와 다른 관심사를 가진 사람, 특히 나와 다른 가치관을 가진 사람을 온라인을 통해 다양하게 만나야 해요. 잘만 사용하면 인터넷 공간이 이런 목적으로 딱 알맞죠. 동네 친구, 학교 친구만 만나다 보면 새로운 사람을 만나기가 쉽지 않지만, 인터넷을 통해서는 세계 어느 곳에 살든 다양한 사람을 만나볼 수 있으니까요. 물론 낯선 사람과 만날 때는 조심해야 해요. 개인 정보도 잘 챙기고요!

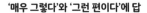

'매우 그렇다'와 '그런 편이다'에 답

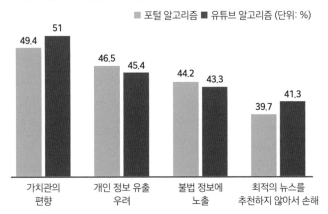

알고리즘이 추천하는 영상에 대한 우려 정도

거짓 정보와 역사 왜곡

2023년 4월, 〈광주일보〉에 충격적인 기사가 나왔어요. 챗GPT가 5·18 광주민주화운동에 대해 잘못된 정보를 알려준다는 거예요. 기자가 챗GPT에게 5·18 광주민주화운동이 어떻게 일어났는지 물어봤더니, 시위대가 먼저 폭력을 행사해서 군인들이 어쩔 수 없이 무력으로 진압했다는 황당한 답변이 돌아왔대요. 심지어 북한군이 개입했을 거라는 근거 없는 주장까지 언급했대요.

5·18 광주민주화운동은 역사적 평가가 끝났어요. 5·18 광주민주화운동은 군부 독재에 맞서 민주주의를 요구하며 평화롭게 시위하던 시민들을, 군부 정권이 잔인하게 진압하며 시작된 사건이에요. 북한군은 전혀 관련이 없고요. 하지만 음모론을 믿는 극소수 사람들은 이 상식을 거부했어요. 이들은 인터넷 공간으로 숨어 들어가서 각종 음모론을 쏟아냈지요.

그런데 챗GPT가 학습하려고 인터넷에서 한국어 텍스트를 읽어갈 때, 이 음모론도 읽어갔나 봐요. 역사 왜곡을 인공지능이 따라 배운다니 걱정이에요. 인공지능과 음모론자끼리 서로 따라 하며 되먹임 효과가 일어나는 것도 걱정이고요.

역사의 상처를 보듬는
인공지능

인공지능에 대해 나쁜 이야기만 한 것 같네요. 희망적인 이야기도 해
볼게요. 인공지능은 역사를 왜곡할 수도 있지만, 역사의 상처를 보듬기도
해요.

다음은 제주 4·3사건과 관련된 이야기예요. 1948년 4월 3일 이후
제주도에서 일어난 비극적 사건으로 수만 명이 목숨을 잃었어요. 김옥자
할머니는 겨우 다섯 살 때 아버지를 잃었어요. 할머니는 한평생을 아버지
얼굴도 기억하지 못한 채 살아오셨대요.

그런데 2024년 4월 3일, 제주 4·3사건 76주년 추념식에서 놀라운 일이
벌어졌어요. 인공지능이 김옥자 할머니 아버지의 모습을 사진을 토대로
생생하게 재현한 거예요.

"옥자야! 아버지다! 오래 기다렸지?"
"이리 오렴! 우리 딸, 얼마나 자랐는지 아버지가 한번 안아보자."

인공지능이 만든 아버지는 김옥자 할머니에게 말을 걸었어요. 김옥자

인공지능 딥페이크 기술로 복원한 김옥자 할머니의 아버지 (제주 4·3 희생자 76주년 추념식)

할머니는 이 영상을 보고 눈물을 펑펑 쏟았답니다. 비록 진짜 아버지를 만난 건 아니지만, 인공지능 덕분에 그리운 아버지와 잠시나마 재회할 수 있었으니까요. 김옥자 할머니뿐만 아니라 그 자리에 있던 많은 유족도 함께 눈물을 흘렸어요. 제주 4·3사건으로 가족을 잃은 슬픔을 간직한 채 살아온 분들에게 인공지능이 만들어 준 가족의 모습은 큰 위로가 되었을 거예요.

아르헨티나에서도 인공지능이 역사의 상처를 치유하는 데 도움을 줬어요. 1976년부터 1983년까지 아르헨티나에는 무서운 군부 독재 정권이 있었어요. 수많은 사람이 잡혀가 목숨을 잃었어요.

진짜 끔찍한 일은 감옥에 갇힌 엄마의 아기를 군인들이 빼앗아 갔다는 거예요. 5백 명 넘는 아이들이 가족과 떨어져 살아야 했어요. 자녀를 잃은 어머니들은 '5월 광장 어머니회'라는 단체를 만들어, 실종된 자녀를 찾기 시작했어요. 그들은 지금까지 DNA 검사를 하고, 오래된 기록을 찾아보며 잃어버린 가족을 찾고 있답니다.

2023년, 뉴스에 따르면 아르헨티나 사람 산티아고 바로스가 인공지능 기술로 실종된 아이들의 현재 모습을 그려내는 프로젝트를 진행했대요. 부모의 사진을 입력하면 아이들이 성인이 된 모습을 만들어 줬죠. 군부 독재의 희생자들이 인공지능의 힘으로 가족을 찾을 수 있기를 바랄 뿐이에요.

매주 목요일, 실종된 자녀를 찾기 위해 행진하는 '5월 광장 어머니회'와 그들을 상징하는 흰색 스카프

프라이버시는 없다?

《포스트 프라이버시 경제》라는 책을 쓴 안드레아스 와이겐드는 주장했어요.

　　"프라이버시는 끝났다."

　와이겐드는 아마존 수석 과학자 출신의 데이터 과학자로 독일 메르켈 정부 때 디지털위원회에서 활동했던 사람이에요. 전문가 중에 전문가인 셈이죠.

　그런데 와이겐드는 프라이버시의 시대는 끝났다면서 이제 우리는 더 이상 프라이버시를 지키기 위해 노력할 필요가 없다고 주장해요. 아니 노력해도 소용없으니, 차라리 포기하고 우리가 프라이버시를 포기한 대가를 기업한테 받고 해요.

　프라이버시란 개인적인 정보와 사생활을 보호받을 권리예요. 누가 내 허락 없이 일기를 읽는다면 내 프라이버시를 침해하는 거예요. 일기장에는 나의 비밀 이야기들이 있으니까요. 누가 내 허락 없이 내 방을 들락거린다면 이 또한 내 프라이버시를 침해하는 거겠죠.

　옛날에는 내 일기장이나 방을 지키는 게 지금보다 쉬웠어요.

그런데 스마트폰과 소셜 미디어가 발달하면서 상황이 달라졌어요. 내 개인 정보가 담긴 검색 기록, 쇼핑, 채팅 등이 모두 인터넷 어딘가에 기록되거든요. 기업은 인공지능을 이용해 내 정보를 분석하고 써먹어요.

그렇다고 프라이버시를 지키기 위해 현대 문명의 혜택을 포기해야 할까요? 그건 어려운 일이에요. 내 개인 정보를 지킨다는 이유로 이메일 서비스나 포털 사이트 이용을 포기해야 하니까요. 거의 불가능한 일이죠.

와이겐드의 선언이 나온 맥락이에요. 와이겐드는 2006년부터 자신의 모든 일정과 항공권 예약 내역까지 웹사이트에 공개했어요. 자기 정보를 숨길 게 없다는 뜻일까요? 그보다는 숨겨도 소용없다는 뜻 같아요. 어차피 공유될 수밖에 없는 데이터라면 그냥 다 내어 주고, 그 대신에 혜택을 누리자는 게 그의 주장이에요.

지나친 주장이에요. 동의하는 사람은 많지 않아요. 나도 동의하지 않고요. 하지만 반박하자니 딱히 떠오르는 말이 없어요. 프라이버시가 소중한 건 알지만 프라이버시를 지키기 위해 현대 문명의 편리함을 포기하자니 엄두도 안 나고요. 프라이버시는 정말 끝난 걸까요?

프라이버시를 침해하는
프로파일링

||||||||||||||||||||||||||||||||||||||||||||||||||||||||||||||||||||||||||||||||||||||||||

미국의 한 대형 마트에 화가 난 아버지가 찾아왔어요. 아버지는 따져 물었어요.

"어쩌자고 미성년인 우리 딸에게 임산부 쿠폰을 보냈죠?"

사연인즉 이렇습니다. 미국 미니애폴리스의 어느 대형 마트가 한 십 대 소녀에게 임산부 쿠폰을 보냈어요. 이 소녀의 검색과 구매 내역을 분석한 결과 소녀가 임신했다고 판단했기 때문이에요. 쿠폰을 받은 소녀의 가족은 얼마나 당황했을까요?

마트 본사에서 사과하려고 전화했어요. 그런데 전화를 받은 아버지가 오히려 마트 쪽에 미안해하더라나요.

"우리 가족이 모르고 있었는데, 우리 딸이 임신한 게 정말 사실이었네요."

이런 일이 어떻게 가능할까요? 마트 쪽에서 소녀가 산 물건들의 정보를 분석했어요. 임신한 사람들이 자주 사는 물건이었대요. 그래서 마트는 이 정보를 바탕으로 소녀의 '프로파일'을 만들고 임산부 쿠폰을 보낸 거예요. 이용자의 프로파일을 만드는 일을 '프로파일링'이라고 해요. 마트가 이렇게 개인 정보를 이용해서 분석하는 일을 소녀나 소녀의 가족은 알고 있었을까요? 물론 가입 약관 어딘가에는 작은 글씨로 쓰였을 거예요.

하지만 이런 과정을 모르는 채로 갑자기 임신 관련 쿠폰을 받으면 무척 당황스럽겠죠? 게다가 원치 않는 방식으로 소녀의 비밀이 가족한테 알려진 셈이잖아요. 이건 당사자의 프라이버시를 침해하는 일이죠. 프로파일링은 상품 추천이나 광고 말고 다른 목적으로 개인 정보를 사용할 가능성도 있어서 걱정이에요.

우리가 인터넷에서 무언가를 할 때마다 개인 정보를 조금씩 뿌리는 셈이에요. 무엇을 좋아하고 무엇을 싫어하는지, 어떤 동영상을 끝까지 봤고 어떤 동영상은 중간에 건너뛰었는지, 어떤 물건을 샀는지 따위의 정보가 전부 인터넷에 남아요. 이 정보를 원하는 기업이 많겠죠. 나에게 어떤 물건을 맞춤형 광고로 내보낼지, 나에게 어떤 영상을 추천할지 알고 싶으니까요.

문제는 과연 우리가 정보를 기업에 내어주는 일에 얼마나 동의했느냐는 점이에요. 기업은 우리가 동의했다고 봐요. 왜냐하면 우리가 '이용자 약관'에 동의했으니까요. 그런데 혹시 독자님은 이용자 약관을 끝까지 읽지 않고 동의 버튼을 누르시나요? 사실 나도 자주 그래요. 많은 사람이 그렇죠. 동의 버튼을 누르지 않으면 인터넷의 편리한 서비스를 이용할 수 없으니까요.

하지만 프라이버시가 침해당하는 걸 각오해야 해요. 예를 들어 내가 탈모에 대한 정보를 많이 찾아본다고 쳐요. 이 정보는 기업이 탐내는 정보예요. 탈모약과 가발을 나에게 팔 수 있으니까요. 하지만 나는 탈모 때문에 고민한다는 사실을 남에게 알리고 싶지 않을 거예요.

물론 내 개인 정보를 넘기지 않는 선택도 있어요. 전자 우편 서비스나 추천 알고리즘이나, 회원 가입을 해야 하는 이런저런 서비스를 모조리 사용하지 않으면 돼요. 그런데 이게 현대 사회에서 가능한 생활일까요? 실현되기 어려운 이야기 같아요.

빅데이터 시대

빅데이터와 비정형 데이터

빅데이터는 엄청나게 많은 양의 데이터를 말해요. 데이터가 모이고 모여서
우리가 상상할 수 없을 만큼 커다란 데이터 덩어리가 되는 거예요.
빅데이터 가운데는 게시판에 단 댓글, 친구와 채팅한 메시지, 블로그에
올린 글 등 정해진 형식이 없는 데이터가 있어요. 표 안에 숫자가 딱딱
정리되어 있는 게 아니라, 그냥 글자가 줄줄 쓰여 있는 거예요.
이를 '비정형 데이터'라고 해요.

2000년대부터 빅데이터 기술이 발전했어요. 컴퓨터 기술이 발전한
지금은 빅데이터에서 의미 있는 정보를 뽑아내어 여러 분야에 활용해요.
손님이 어느 물건을 얼마나 자주 사는지 데이터를 모아 맞춤형 상품을
추천해요. 학생의 학습 패턴을 분석해 개인 맞춤형 교육을 제공하거나,
특별히 많이 틀리는 문제를 반복해서 출제해요.

인공지능을 학습시킬 때도 빅데이터는 유용해요. 아주 많은 개 사진과
고양이 사진을 학습해 인공지능이 개와 고양이를 구별한다고 했죠?

빅데이터는 인공지능이 학습할 자료가 돼요.

축적된 데이터를 바탕으로 인공지능은 날씨를 예측하고 교통 체증을

줄일 수 있어요. 많은 양의 말과 글도 빅데이터예요. 챗GPT 같은 생성형

인공지능은 엄청난 양의 말뭉치를 학습시켜 만들었어요. 빅데이터와

인공지능은 앞으로도 함께 발전할 거예요.

개인 정보 보호법

빅데이터 시대에 개인 정보를 보호하기 위한 법률이 있어요. 우리나라에는

'개인 정보 보호법'이 있어요. 회사나 기관은 개인의 정보를 필요할 때만

허락을 받고 사용할 수 있어요. 과학 연구에 빅데이터를 쓸 때는 실제

이름으로 개인 정보를 사용해서는 안 되고 '가명 정보'를 이용해야 해요.

이러한 법은 인공지능과 밀접한 관련이 있어요. 인공지능 기술이

발전하려면 엄청난 양의 데이터를 수집하고 분석해야 하는데, 그 과정에서

자칫 잘못하면 많은 사람의 개인 정보가 무분별하게 이용될 수 있기

때문이에요.

양날의 칼

||||||||||||||||||||||||||||

인공지능은 양날의 칼 같아요. 우리 생활을 편리하게 할 수도, 우리 프라이버시를 침해할 수도 있어요. 인공지능과 CCTV 덕분에 밤길을 안심하고 다니지만, 사생활이 다른 사람에게 노출되기도 해요. 인공지능의 양면성을 알아볼까요?

안면 인식 기술

앞에서 인공지능을 안면 인식 기술에 이용한다고 했죠? 안면 인식 기술이 불완전해서 엉뚱한 사람을 범인으로 지목하는 문제가 있었다고요. 반대로 안면 인식 기술이 너무 정확해도 무서워요. 중국의 안면 인식 기술은 놀라워요. 2017년에 상하이 지하철에서 3개월 동안 범인 567명을 안면 인식 기술로 찾아내 잡았다고 해요. 2018년에는 콘서트를 들으러 온 수배자의 얼굴을 인공지능이 알아보고 체포했다는 뉴스도 있어요.

그런데 이런 기술이 범죄자가 아닌 일반인에게 악용될 수도 있어요. 2019년에는 중국 정부가 신장 웨이우얼 자치구에 사는 사람들을 안면 인식 시스템으로 감시한다는 의혹을 받았어요. 이곳에 사는 위구르 사람들은 소수 민족으로, 중국의 다른 사람

2019 스마트 차이나 엑스포에 도입된 안면 인식 기술

들과 민족도 문화도 종교도 달라요. 옛날에는 중국과 다른 나라를 이루며 살았어요.

중국 정부는 위구르 사람들이 독립하겠다고 하면 어쩌나 걱정하는 것 같아요. 그래서 위구르 사람을 감시한다는 의심을 받아요. 이 지역 사람들의 다양한 정보를 모아, 누가 어떤 행동을 하는지 파악해서, 인공지능이 '잠재적 위험 인물'이 누구인지 예측하는 거죠.

말은 좋지만, 사실은 의심스럽다는 이유만으로 하지도 않은

학생, 민트 초코 좋아하지?
나는 다 알고 있어.

행동 때문에 처벌받는 거예요. 결국 이 시스템은 위구르 사람과 중국 정부에 반대하는 사람을 통제하는 데 악용될 수 있어요. 중국은 이런 문제가 제기됐던 안면 인식 기술을 더 이상 사용하지 않겠다고 발표했어요. 공식적인 입장은 그래요.

하지만 사람들은 여전히 불안해요. 어느 정부라도 이 기술을 몰래 사용할 수 있으니까요.

비금융 신용 정보

개인 정보 가운데 '비금융 신용 정보'라는 것이 있어요. 은행 같은 금융권에서 가지고 있는 정보 말고도 우리의 신용을 평가할 수 있는 다양한 정보를 말해요. 비금융 신용 정보를 기업이 이용하면 우리의 생활은 매우 편리해져요. 하지만 다양한 비금융 신용 정보를 수집할 때 여러 문제가 생길 수 있어요.

예를 들어 엄태만 씨는 도서관에서 빌린 책을 늦게 반납하고 숙제도 열심히 안 하는 사람이에요. 그런데 하루 종일 게임만 하고 싶어 하는 엄태만 씨의 평소 생활을 금융 회사가 비금융 신용 정보로 활용한다면? 엄태만 씨의 프라이버시가 침해될 뿐만 아니라, 엄태만 씨의 신용 점수 또한 문제가 생기겠죠.

또 차별의 문제도 생겨요. 이민자 안외식 씨는 잔병치레가 많고 외식을 자주 하지 않아요. 그런데 인공지능이 이를 안외식 씨의 비금융 신용 정보로 수집해서, 안외식 씨가 가난하다고 판단할 수 있어요. 인공지능은 안외식 씨에게 돈을 빌려주지 않거나 빌려주더라도 높은 이자를 물릴 수 있겠죠. 안외식 씨는 더욱 생활하기 힘들 거예요.

그렇다고 오해 마시길. 비금융 신용 정보가 나쁜 것만은 아니에요. 우리 생활을 편리하게 해주기도 해요. 《AI는 차별을 인간에게서 배운다》라는 책을 쓴 고학수 님 이야기예요. 고학수 님이 미국에 일하러 갔는데 생활을 하려면 신용카드가 필요했어요. 미국에서 금융 거래를 해 본 적이 없으니 미국 쪽에는 고학수 님에게 신용카드를 발급해 줄 만한 신용 정보가 없었어요. 그런데 다행히 고학수 님은 아마존 회사와 오랫동안 거래를 해왔고, 아마존 회사에서 '고학수 님은 신뢰할 만한 사람'이라고 평가를 해줬대요. 그 덕분에 바로 카드를 발급받았대요. 아마존 회사의 정보는 은행 등 금융권의 정보가 아니에요. 하지만 신용카드 회사에서 아마존 회사의 비금융 신용 정보를 바탕으로 고학수 님에게 카드를 발급해 준 거예요.

비금융 신용 정보는 엄태만 씨나 안외식 씨를 힘들게 할지 몰라도 고학수 님에게는 편리하고 합리적인 서비스를 제공했어요.

비식별화 기술

인공지능이 프라이버시를 침해할 수 있다는 이야기를 했지만, 반대되는 이야기도 있어요. 인공지능 덕분에 우리가 프라이버시를 지킬 수 있다는 주장이에요.

'비식별화 기술'이라는 게 있어요. 내 개인 정보를 주물러 내가 누구인지 알아낼 수 없게 만드는 거예요. 예를 들어 나몰라 씨가 자기 이름과 생일을 적어 낸다고 해 봐요. 그런데 나몰라 씨는 자기 정보를 누가 훔쳐갈까 봐 두려워요. 그래서 나몰라 씨는 개인 정보를 비식별화하기로 했어요. 이름을 '나○○'이라고 쓰고, 생일은 '5월 ○○일'이라고 썼지요. 물론 이런 비식별화 방법에는 한계가 있어요. 수많은 정보를 끼워 맞추면 나○○ 씨가 나몰라 씨라는 사실을 알아낼 수 있거든요.

그래서 등장한 게 인공지능을 이용한 비식별화예요. 인공지능이 내 정보를 조물조물 가공해서 내가 아닌 사람처럼 보이게 만드는 거예요. 이런 가상의 데이터를 활용하면 프라이버시 걱정 없이도 빅데이터를 분석할 수 있다고 기대하기도 해요.

인공지능에게 미래를 부탁해도 될까?

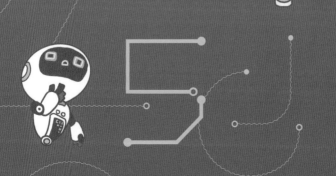

빈부 격차를
줄일 수 있을까?

지구촌의 빈부 격차는 나날이 심해지고 있어요. 국제 구호 단체 옥스팜의 2024년 보고서에 따르면, 2020년 이후로 세계에서 가장 부유한 다섯 남자의 자산은 2배 넘게 증가했는데, 같은 기간 동안 50억 명의 사람은 더 가난해졌대요. 보고서는 지적해요.

　"역사상 이토록 소수의 인원이 많은 부를 소유한 적은 없었다."

그런데 인공지능 덕분에 앞으로 빈부 격차가 줄어들 거라고 주장하는 사람이 있어요. 유명한 '샘 알트만'과 더 유명한 '빌 게이츠'지요.

샘 알트만은 오픈AI라는 회사의 공동 창업자예요. 오픈AI는 챗GPT를 만든 인공지능 회사예요. 2023년에 샘 알트만은 주장했어요. 인공지능 덕분에 빈부 격차가 완화될 거라고요. 교육과 의료 등 다양한 부문에 들어갈 비용이 줄어들 거래요. 예를 들어 학생 개개인에게 맞춤형 학습 서비스를 제공하는 인공지능이 있다면, 학생은 질 높은 교육을 저렴한 비용으로 받을 수 있어요. 인간보다 더 빠르고 더 정확하게 환자를 진단하는 인공지능이 있다면, 병원의 운영 비용을 절감할 수 있고요. 달콤한 이야기긴 해요. 글쎄요, 과연 샘 알트만의 주장대로 인공지능이 빈부 격차를 줄일 수 있을까요?

빌 게이츠는 마이크로소프트라는 회사를 만든 사람이에요. 숙제할 때 사용하는 파워포인트나 엑셀 같은 프로그램을 만드는 큰 회사죠. 빌 게이츠는 미래에 대한 예측을 많이 했는데, 잘 들어맞는 편이에요. 인공지능이 부유한 세상과 가난한 세상 사이의 격차를 줄일 거라고 빌 게이츠는 말했어요. 예를 들어 가난한 나라에는 솜씨 좋은 의사가 적어요. 그런데 가난한 나라에서 의사가 인공지능의 도움을 받는다면, 더 많은 사람에게 더 나은 진료를 할 수 있을 거예요.

인공지능 vs 의사 뇌종양 진단 비교

	정확도	진단 시간
의사	93.9%	20~30분
인공지능	94.6%	2분 30초

샘 알트만과 빌 게이츠, 두 사람 모두 인공지능이 사회 불평등을 해소하는 데 도움이 될 거라고 봤어요. 특히 개발 도상국은 혜택을 볼 거라고 주장했지요.

그런데 다르게 생각하는 사람이 많아요. 인공지능 때문에 일자리가 사라지고 부의 양극화가 심해질 거라며 걱정해요. 사실은 미래를 낙관하는 사람은 샘 알트만과 빌 게이츠 두 사람뿐일지도 몰라요. 미래는 어떻게 될까요?

모든 사람이 똑같이 정보에 접근할 수 없다고요?

디지털 정보 접근권은 우리가 필요한 정보를 얻고 활용할 수 있는 권리를 말해요. 오늘날 인터넷 서비스를 이용하는 일은 재미

나 선택이 아닌, 생존을 위한 필수예요. 살아남기 위해 필요한 권리죠. 정보 접근권이 보장되지 않으면 교육을 받기 힘들고, 일자리를 얻기 힘들고, 세상 돌아가는 일을 알기 힘들어요. 디지털 정보 접근권이 보장되지 않으면 다른 권리를 향유하는 일이 어려워지죠. 인터넷에 접근할 권리는 다른 인권을 실현하는 데 필수적이에요. UN은 2011년 보고서에서 인터넷에 접근할 권리를 '인권'으로 규정했어요. 그런데 문제는 모든 사람이 똑같이 정보에 접근할 수 있는 건 아니라는 데 있어요.

정보통 씨네 집은 가족 수대로 스마트폰과 노트북이 있어요.

방마다 인터넷이 팡팡 터지고 거실에는 인공지능 스피커도 있어요. 인공지능을 마음껏 쓸 수 있는 정보통 씨의 아들딸은 미래에 좋은 직업을 구할 가능성이 커요.

컴퓨터 천재로 불리는 빌 게이츠도 어릴 때부터 컴퓨터를 이용한 행운아였어요. 그때는 개인용 컴퓨터가 없던 시대였지만, 빌 게이츠가 다니던 학교에서 연구소의 대형 컴퓨터를 이용할 수 있었거든요. 이런 환경 덕분에 훗날의 빌 게이츠가 있었다고 보는 사람도 적지 않아요.

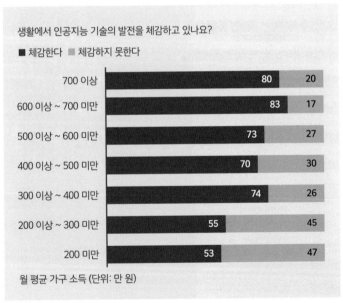

소득에 따라 인공지능을 생활에서 체감하는 정도

그런데 정보통 씨나 빌 게이츠와 반대로 디지털 정보 접근권을 제대로 누리기 힘든 사람도 있어요. 스마트폰도 없고 인터넷 접속도 잘 안 되는 집에 사는 가난한 청소년이 있어요. 가족이 컴퓨터 한 대를 돌아가면서 써요. 나중에 인공지능에 관한 직업을 가질 가능성이 정보통 씨네 아이들보다 떨어지겠죠.

저소득층뿐만 아니라 컴퓨터나 모바일 기기를 다루기 힘든 장애인과 고령자도 정보 취약 계층이에요. 이들은 일상생활 및 사회 참여에 불이익을 받을 수 있어요. 정보 접근성의 차이 때문에 빈부 격차가 대물림되는 거예요.

정보 불평등은 인공지능 시대에 더 심해질 거라고 생각하는 사람이 많아요. 인공지능 기술을 활용해 본 사람과 그렇지 못한 사람의 격차가 대를 이어 더 벌어질까 걱정이에요.

부자 나라는 더 부유해져요

정보 불평등은 개인끼리의 문제만이 아니에요. 금수저 나라와 흙수저 나라의 격차도 더 벌어질 수 있어요. 나라 사이 인프라 격차 때문이죠. 인공지능 기술을 활용하려면 인프라가 필요해요. 인프라란 인프라스트럭처infrastructure의 줄임말이에요. 우리말로 사회 간접 자본이라고 해요. 옛날에는 도로나 철도, 항구가 아주 중요한 인프라였어요. 오늘날은 발전소와 송전 시설, 통신 시설 등 정보 통신과 관련된 생산 기반이 중요한 인프라예요.

인공지능을 개발하고 학습시키려면 인프라가 필요해요. 똑똑한 인공지능을 만들려면 엄청나게 많은 데이터가 필요하죠. 데이터도 물론 비싸지만, 데이터를 저장하고 처리할 수 있는 시스템 역시 비싸요. 클라우드 서버나 데이터 센터 등이 데이터를 저장하는 창고인데, 비용이 만만치 않아요.

또한 인공지능을 학습시키기 위한 컴퓨터 자원도 필요해요. 수많은 정보를 빠르게 처리해야 하거든요. 보통은 고성능 그래픽 처리 장치(GPU)를 많이 이용해요. 엔비디아 같은 회사가 이 장치를 만들기 때문에 유명해졌어요. 이 장치를 사고 유지하는 비용도 들어가요.

이런 시스템은 전기를 많이 먹어요. 인공지능을 학습시키고 돌리려면 안정적으로 전기를 공급할 시스템이 필요하겠죠. 부자 나라는 인프라를 구축할 돈이 있지만, 먹고살기 힘든 가난한 나라는 엄두를 내기 힘들어요. 당장 밤에 전등 켤 전기도 충분치 않은걸요. 부자 나라는 인공지능을 다양한 분야에 활용하면서 경쟁력을 더 올릴 거예요. 가난한 나라는 인프라를 구축하는 일부터 어려워요.

2021년 UN의 보고서에 따르면, 가난한 나라 사람은 인구의

약 20%만이 인터넷을 사용한대요. 반면 부자 나라에서는 인터넷 사용자의 80%가 온라인으로 쇼핑을 할 수 있대요.

디지털 격차 해소를 위해 국제 사회도 노력하고 있어요. 하지만 갈 길이 멀어 보여요. 인공지능이 빈부 격차를 줄일 수 있다고 미래를 낙관하는 빌 게이츠 역시 걱정해요.

"시장이 가난한 사람을 돕는 인공지능 서비스를 알아서 개발하지는 않을 것이고, 그 반대일 가능성이 높다."

돈 버는 회사는 돈을 더 번다?

인공지능 기술이 발전하면서 기업과 개인 사이의 경제적 격차가 더 심해질 수 있어요. 가난한 개인은 더 가난해지고, 부자 기업은 더 부자가 되는 거예요.

햄버거 가게를 예로 들어볼까요? 이 가게에서는 햄버거를 만드는 박알바 씨, 주문을 받고 계산하는 오징징 씨가 일해요. 그런데 기술이 발전하면서 햄버거를 자동으로 만들어 주는 로봇이 생겼어요. 주문과 계산은 키오스크로 받고요. 박알바 씨와 오징징 씨는 일자리를 잃었어요. 하지만 햄버거 가게는 로봇과 기계로 인건비를 아껴 돈을 더 많이 벌게 되었어요.

이러한 변화는 사회 전반에서 일어나고 있어요. 앞서 인공지능과 로봇이 인간의 일자리를 위협한다는 이야기를 살펴보았어요. 개인이 제공해 준 정보를 모아 인공지능을 학습시켜 돈을 버는 기업에 대해서도 살펴봤고요. 기술 발전의 혜택은 기업에 돌아가는 데 비해, 그에 따른 고통은 근로자 개인이 짊어지게 되는 셈이에요.

기업은 더 많은 부를 쌓는 동시에 고용은 줄여나가요. 박알바 씨는 일자리를 잃겠지만, 기업에 투자한 나부자 씨는 돈을 벌겠죠. 가난한 사람은 더 가난해지고 부자 기업은 더 부자가 되는 거예요.

그런데 이야기는 여기서 끝이 아니에요. 오징징 씨가 사라지고 그 자리에 놓인 키오스크에서는 어떤 일이 일어나는 걸까요?

그림자 노동이 늘어요

인공지능 시대에 소비자가 겪는 불편이 늘어날 수 있어요. 인공지능이 모든 일을 다 해줄 것처럼 생각했지만, 사실 인공지능이 해결하기 어려운 자잘한 일도 있어요. 그렇다고 투자를 하거나 사람을 새로 뽑기도 애매해요. 이런 일을 누가 할까요? 소비자가 떠맡아요.

햄버거 가게를 생각해 봐요. 옛날에는 오징징 씨가 주문을 받고 계산을 했어요. 그런데 이제는 키오스크로 무인 주문을 해요. 메뉴를 하나하나 읽어보고 주문하고 계산하는 사람은 누구? 바로 소비자예요.

옛날에는 상품을 파는 회사에서 상품을 추천했어요. 요즘 온라인 쇼핑몰은 소비자가 거의 돈을 받지 않고 무상으로 상품 후기를 써요. 옛날에는 회사 콜센터에 전화해서 불만을 접수하고 궁금한 것을 물었어요. 요즘은 콜센터 직원 대신 챗봇이 대응해

주문은 키오스크로.

아니, 이 귀찮은 일을 왜 내가 하고 있지?

요. 소비자는 말귀 어두운 챗봇에게 상황을 설명하기 위해 전보다 많은 시간을 들여야 해요. 옛날에는 호텔과 항공사에서 사람이 체크인을 받았어요. 요즘은 키오스크를 통해 셀프 체크인을 해요. 옛날에는 은행에 찾아가 은행원을 만나 돈을 보내고 찾았어요. 요즘은 현금 인출기나 모바일 뱅킹으로 소비자가 직접 일을 해요. 이렇게 노동을 했지만 대가가 주어지지 않는 활동을 '그림자 노동'이라고 해요.

> 회사에 고용된 사람이 돈을 받고 하던 일을 소비자가 돈을 받지 않고 대신하는 거죠.

그림자 노동은 이전에도 있었어요. 그런데 인공지능 시대를 맞아 더 널리 더 빨리 퍼지고 있어요. 편리함으로 포장된 이면에는 우리 소비자의 수고가 숨어 있는 거예요.

기본 소득은
가능할까요?

인공지능 때문에 어떤 사람은 일자리를 잃고 어떤 사람은 돈을 더 많이 벌게 될 거예요. 일자리를 잃은 사람이 많아지면 사회가 흔들려요. 그러면 돈을 더 많이 버는 사람도 안정된 생활을 즐기기 어려워요. 함께 잘 사는 사회를 만들기 위해 어떻게든 방법을 찾아야 하죠. 여러 아이디어가 나왔지만, 모든 사람이 합의하는 방법은 아직 없어요.

어떤 사람은 기본 소득이 해답이 될 거라고 생각해요. 기본 소득은 모든 국민에게 매달 같은 금액을 주는 거예요. 일자리를 잃은 사람들도 기본적인 생활은 할 수 있게 해주자는 거죠. 인공지능 개발에 앞장선 샘 알트만도 기본 소득에 동의해요. 하지만 기본 소득이 해결책이 되지 않을 거라고 생각하는 사람도 있어요.

핀란드가 2017년부터 2018년까지 기본 소득 실험을 진행하면서 기본 소득이라는 문제가 다시 눈길을 끌고 있어요. 미국의 알래스카주州는 1982년부터 주민 모두에게 '배당금'을 나눠 주고 있는데, 이것이 기본 소득과 마찬가지라는 시각이 있어요.

인공지능 시대에 기본 소득을 나눠 주면 어떻게 될까요? 일자리를

49.64일	근로 시간	49.25일
5852유로	실업 급여	7268유로
1만 6159유로	총 복지 비용	1만 1337유로
기본 소득 받음		기본 소득 받지 않음

기본 소득 지급과 고용 증진 효과 (핀란드 기본 소득 실험 예비 보고서)

잃은 사람이 더 나은 일자리를 얻을 기회가 생길 수 있어요. 하루하루
먹고사는 문제에 치이지 않고, 기본 소득을 받으며 생기는 여유 시간을
더 나은 일자리를 얻기 위한 배움에 투자할 수 있으니까요. 반대로 기본
소득을 받은 사람이 새로 일자리를 얻기 위해 열심히 노력하지 않을 수도
있지만요.

두 가지 예상에서 어느 쪽이 현실이 될지는 아직 몰라요. 몇몇 실험 결과가
나왔지만, 기본 소득으로 주는 돈도 많지 않고, 기본 소득을 주는 기간도
길지 않아, 결과를 그대로 받아들이기 곤란해요.

기본 소득을 주는 일은 쉬운 일이 아니에요. 많은 돈을 어디서 가져올지,
물가는 오르지 않을지, 사람들이 일을 열심히 할지 안 할지 등 여러
걱정거리가 있거든요.

분배의 문제는 정답이 없어요. 옛날부터 이 문제 때문에 많은 사람이
다투고 목숨을 잃었어요. 모두가 만족할 답은 아직도 찾지 못했어요. 기본
소득 제도는 전 세계적으로 논의가 시작되는 단계랍니다.

위기의 민주주의?

인공지능 시대, 민주주의가 위험해질까요? 최악의 시나리오를 들려줄게요. 지금까지 이 책에 나온 이야기들이에요. 미래 한국에서는 인공지능을 잘하는 사람은 부자가 되고, 그렇지 않은 사람은 경쟁에서 뒤처져요. 정보 격차에 따라 빈부 격차가 벌어지고, 흙수저의 대물림이 심해져요. 가난한 사람들의 불만은 쌓여가요. 한편 인구 감소 때문에 이민자는 늘어나요.

그런데 갑자기 어떤 사람들이 이상한 소리를 해요.

"이민자 때문에 우리가 가난해진다."

물론 사람들 대부분은 동의하지 않겠지만, 이런 사람들이 만든 가짜 뉴스가 인공지능의 추천 알고리즘을 타고 순식간에 퍼질 수 있어요. 사람들은 마치 거품 속에 갇힌 것처럼 이민자에 대한 안 좋은 글만 보면서 이민자가 우리 사회를 망치고 있다고 믿을 거예요. 결국 이민자를 미워하고 차별하는 일들이 벌어지고, 심하면 테러까지 일어날 수 있어요.

우리 사회는 극단으로 치닫고, 민주주의는 위험에 빠질 거예요. 히틀러처럼 무서운 사람이 소셜 미디어를 통해 나타날지도 몰라요. 이민자를 헐뜯고 소수자를 갈라치기 하는 우파 포퓰리즘이 정치판에 늘어날 거예요. 포퓰리즘이란 대중의 인기를 얻으려는 정치적 태도를 말해요. 우파 정치 이념과 포퓰리즘을 결합시킨 것이 우파 포퓰리즘이에요. 나라 안에서는 이런저런 규제를 받지 않으며 자기 뜻대로 살기를 바라고 나라 밖으로는 자기 나라가 다른 나라보다 힘이 세기를 바라는 사람들의 지지를 받아요. 미국의 도널드 트럼프나 이탈리아의 조르자 멜로니 같은 정치인이 우파 포퓰리스트라는 이야기를 들어요.

개인의 자유, 강한 나라, 특권층 비판 등 하는 말을 들으면 나쁜 것만 같지는 않아요. 그런데 우파 포퓰리스트가 득세하면 민주주의가 위협받는다고 걱정하는 사람이 많아요. 이 이념을 악용하는 사람들이 있거든요. 빈곤층, 장애인, 성 소수자 등 사회적 약자를 차별하면서 개인의 자유라고 우기거나, 다른 나라 이민자를 내쫓는 나라가 강한 나라라고 우기는 사람이 섞여 들어가 있어요. 우파 포퓰리스트가 힘을 얻을 때 사회 갈등이 깊어지는 까닭이에요.

사회 갈등이 깊으면 기후 위기에 어떻게 대처할지, 기본 소득을 줘야 할지 같은 중요한 문제는 논의되기 어려워요. 게다가 인공지능의 추천 알고리즘이 보여주는 재밌고 짧은 창작물에 길들여지면 집중력이 필요한 심각하지만 지루한 이야기에 귀

기울이기 쉽지 않겠죠. 물론 이렇게 되지 않으면 좋겠어요. 그런데 걱정스러운 일이 지금도 조금씩 일어나고 있어요.

케임브리지 애널리티카 사건

2016년 6월 23일, 영국은 국민 투표를 했어요. 유럽 연합(EU)에 남아 있을지, 탈퇴할지를 묻는 투표였어요. 바로 유명한 '브렉시트 투표'예요. 국제 관계와 실리를 중시하는 사람들은 유럽 연합에 남기를 바랐고, 영국이 힘센 나라가 되고 이민자를 받지 않기를 원하는 사람들은 유럽 연합 탈퇴를 지지했대요. 우파 포퓰리스트도 유럽 연합 탈퇴를 바랐고요.

사실 유럽 연합 탈퇴를 지지하는 사람들이 투표에서 이기리라고 생각한 사람은 별로 없었어요. 큰 도시에 사는 사람들이 유럽 연합에 남자는 쪽을 지지했고, 여론 조사를 해 봐도 유럽 연합에 남는 쪽이 많이 나왔거든요. 그런데 투표함을 열어봤더니 의외의 결과가 나왔어요. 유럽 연합 탈퇴 쪽이 51.9%의 표를 얻어, 유럽 연합에 남자는 쪽 48.1%를 아슬아슬하게 이긴 거예요. 깜짝 놀랄 일이었어요. 아주 약간의 표 차이로 탈퇴가 결정됐죠.

그해 11월 8일에는 미국이 대통령 선거를 했어요. 힐러리 클린턴과 도널드 트럼프가 맞붙었어요. 미국의 이민자와 소수자 정책이 변하지 않기를 바라는 사람들은 힐러리 클린턴을 지지했고, 미국이 힘센 나라가 되고 이민자를 받지 않기를 바라는 사람들은 도널드 트럼프를 지지했어요. 여론 조사를 할 때마다 힐러리 클린턴이 이긴다는 결과가 나왔어요. 도널드 트럼프가 대통령이 된다는 조사 결과는 거의 없었죠. 도널드 트럼프는 성추행과 인종 차별로 말이 많았고, 트럼프 지지자들도 폭력적이었거든요.

"저런 사람도 대통령이 될 수 있을까?"

많은 사람들이 궁금해했죠.

그런데 개표 결과 도널드 트럼프가 대통령에 당선되었어요. 힐러리 클린턴이 전체 득표는 290만 표를 더 얻었지만, 트럼프가 선거인단 투표에서 304표를 얻어 클린턴의 227표를 앞섰거든요.

예상을 뒤엎는 두 번의 선거 결과에 전 세계가 놀랐어요. 어떻게 이런 일이 일어났을까요? 여론 조사가 민심을 제대로 반영하지 못했다는 주장도 있고, 도시에 사는 중산층의 민심과 도시 아닌 지역에 사는 중산층 아닌 사람의 민심이 크게 달랐다는 분석도 있어요.

한편 빅데이터와 인공지능이 한몫했다는 주장도 있어요. '케임브리지 애널리티카'라는 회사가 있어요. 브렉시트 투표 때는 영국이 유럽 연합을 탈퇴하는 쪽에서 선거 운동을 했어요. 미국 대통령 선거 때는 도널드 트럼프 선거 본부를 도왔고요. 양쪽 다 예상을 뒤엎고 아슬아슬하게 승리했죠. 케임브리지 애널리티카는 선거 결과가 자기들 공이라고 주장했어요.

케임브리지 애널리티카는 어떻게 선거 운동을 했을까요? 먼저 페이스북(지금은 메타) 사용자 가운데 영국과 미국의 유권자 데이터를 얻어왔어요. 어떤 게시물을 좋아하는지, 어떤 친구와 사귀는지 등 데이터를 긁어모았죠. 엄청나게 큰 빅데이터였어요. 그런 다음 이용자 프로파일링을 했어요. 누가 어떤 정치 성향을 가졌는지, 투표 때 어느 쪽을 뽑을지, 어떤 문제에 관심이 많은지 등을 분석했어요. 이 과정에서 개인 정보를 보호하지 않아서 나중에 문제가 돼요.

케임브리지 애널리티카는 인공지능을 이용해 '어느 쪽을 찍을지 확실히 결정하지 못한 부동층 유권자'를 가려냈어요. 그러고는 이 사람들을 대상으로, 각각의 관심사에 맞는 정치 광고를 집중적으로 내보냈죠. 영국 유권자에게는 유럽 연합을 탈퇴하는 쪽에 투표하라고, 미국 유권자에게는 도널드 트럼프를 지지하라고 광고했어요. 선거 결과는 많은 사람의 예상을 뒤엎고 케임브리지 애널리티카가 의도한 대로 되었어요. 과연 단순한 우

연일까요?

선거가 끝난 뒤, 이 사실이 알려지자 영국과 미국이 다시 한 번 발칵 뒤집혔어요. 이것이 유명한 '케임브리지 애널리티카 사건'이에요. 물론 브렉시트나 트럼프 당선을 이 회사 혼자 이끌어냈다고 보기는 어려워요. 하지만 영향은 있었을 거예요. 이것은 여론 조작일까요, 아니면 평범한 선거 운동일까요? 민주주의의 앞날이 걸렸지만 쉽게 대답하기는 어려운 질문이에요.

마이크로 타기팅이란
무엇일까요?

||||||||||||||||||||||||||||||||||||||||||||||||||||||

어쩌다 민트 초코 광고를 눌렀더니 한동안 계속 민트 초코 광고만 나오는 경험, 해 보신 적 있죠? '마이크로 타기팅micro-targetnig'은 이것과 비슷한데, 더 복잡하고 정교해요. 우리가 인터넷에서 하는 수많은 행동, 예를 들면 어떤 글을 읽고, 어떤 동영상을 보고, 누구와 교류하는지 등의 정보는 데이터로 쌓여요. 인공지능은 이 데이터를 분석해서 개개인의 취향과 특성을 파악하는 일을 잘해요. 강속구 씨는 야구를 좋아하고, 차달려 씨는 자동차를 좋아한다는 식으로요. 빅데이터와 인공지능을 활용한 마이크로 타기팅은 개인의 정보를 아주 자세히 분석해서 딱 맞는 메시지를 전하는 방법이에요.

그런데 케임브리지 애널리티카 사건에서 보듯, 마이크로 타기팅이 민주주의에 영향을 미칠 수 있어요. 이쪽과 저쪽 사이에서 고민하는 중도 성향의 유권자들만 골라서, 어느 한쪽에 투표하라는 광고를 거듭해서 보여준다고 생각해 보세요. 광고 내용도 유권자 개개인에게 맞춰서 말이죠. 예를 들어 민트 초코를 좋아하는 유권자한테는 정치인이 민트 초코를 먹는 장면이 담긴 광고를 내보내고, 경제에 관심 많은 유권자한테는 그 정치인의 경제 정책을 골라서 광고할 수 있어요.

인공지능 기술을 이용해서 정치인은 유권자 한 사람 한 사람에게 맞춤형 메시지를 전달할 수 있어요. 하지만 이 기술을 좋게만 볼 수 있을까요? 유권자의 선택이 인공지능의 알고리즘에 의해 왜곡되는 건 아닐까요? 혹시 공정하고 자유로운 선거라는 민주주의의 기본이 흔들리는 상황은 아닐까요?

위축 효과 때문에

인공지능이 우리를 감시할지 모른다는 이야기는 많지만, 실제로 감시가 일어나는지는 몰라요. 하지만 감시한다는 가능성만 있어도 민주주의는 위협받을 수 있어요. 민주주의가 잘 되려면 사상과 표현의 자유가 있어야 해요. 자유롭게 생각하고, 의견을 자유롭게 말할 수 있는 권리 말이에요. 만약 누가 내가 하는 말과 내가 쓰는 글을, 못마땅한 채로 계속 지켜보고 있다면 어떨까요? 특히 그 누군가가 권력과 가까운 사람이라면? 나는 무섭고 긴장돼서 마음껏 이야기할 수 없을 거예요!

2013년에 에드워드 스노든이라는 사람이 무서운 사실을 폭로했어요. 시민들이 인터넷에서 무엇을 검색하고 읽고 쓰는지, 미국 국가안보국(NSA)이 감시한다는 내용이었어요. 이 사실이

밝혀지자 어떻게 됐을까요? 시민들이 항의하여 국가안보국이 무너지고 자유로운 인터넷 세상이 열렸을까요?

실제로 일어난 일은 반대였어요. 오히려 시민들은 위축되어 국가안보국의 눈길을 끌 만한 읽을거리를 읽지 않게 되었대요.

'이, 무시무시한 국가안보국이 내가 무엇을 검색하고 무엇을 읽는지 감시하는구나. 조심해야겠어!'

특히 테러리즘 및 국가 보안과 관련된 위키피디아 항목의 조회 수가 뚝 떨어졌다고 해요. 국가안보국과 관련하여 귀찮은 일에 말려들기 싫다는 두려움 때문에, 시민들이 민감한 주제를 읽지 않게 된 거죠. 자기 검열을 통해 중요한 정보와 지식을 얻지 못하게 된 거예요.

이런 것이 '위축 효과'예요. 위축 효과는 누군가 나를 감시하고 있다는 생각에 내 생각을 제대로 표현하지 못하게 되는 현상이에요. 위축 효과 때문에 사회적 약자는 목소리를 내기가 더 힘들어져요. 자유롭게 의견을 내면 불이익을 당할까 봐 두려우니까요. 그런데 소수자가 목소리를 내지 못하면, 우리 사회는 다양성이 사라지고 결국 민주주의도 피해를 봐요.

위키피디아를 운영하는 위키미디어 재단은 2015년에 국가안보국과 미국 법무부를 상대로 소송을 제기했어요. 감시 프로그램 때문에 특정 주제에 대한 조회 수가 줄어들었다고요. 그러나 소송은 패소했어요. 위축 효과는 '권력 기관이 직접 압력을 행사한'게 아니라 '시민이 알아서 자기 검열을 한' 거라는 게 이유예요. 그래서 위축 효과가 일어났다는 이유로 항의를 하는 일조차 쉽지 않답니다. 현대 사회의 큰 문제예요.

인공지능이 나를 지켜보며 나에 대한 정보를 모으고 있다는 생각을 하면 오싹해요. 인공지능 시대에 위축 효과로 인해 표현의 자유는 움츠러들 수 있어요.

인공지능을 이용한
민주주의

나리타 유스케라는 사람이 《22세기 민주주의》라는 흥미로운 책을
썼어요. 이 책은 인공지능으로 민주주의의 문제들을 해결하자는 엄청난
제안을 하고 있어요. 책에서는 선거 제도를 매섭게 비판해요. 처음에는
획기적이었지만, 시간이 지나며 원래 의미를 잃었다는 거예요. 충분한
정보도 없이 몇 년에 한 번씩 그저 투표소에서 기표만 하는 유권자,
아무래도 문제가 있죠.

이 책은 선거 대신에 인공지능을 활용하자고 제안해요. 빅데이터를
분석해 사회 문제를 해결하자는 거죠. 생각해 보면 아예 불가능한
제안은 아니에요. 정치인이나 정당보다 민심을 더 잘 읽는 건 쇼핑몰과
유튜브예요. 우리가 원하는 걸 척척 알아서 보여주고, 우리가 싫어하는 걸
바로바로 고쳐줘요. 그런 점에서 정치인보다 낫죠. 이 책에는 정치인 대신
알고리즘에 판단을 맡기고, 국회에는 차라리 고양이를 앉히면 어떨까 하는
엉뚱한 상상도 나와요.

물론 이런 제안을 곧이곧대로 받아들일 수는 없어요. 선거 대신
알고리즘에게 민주주의를 맡기자니, 너무 엉뚱해요. 인간 사회의 중요한

결정을 인공지능한테 맡기자니 불안하고요. 그래도 이 책이 눈길을 끄는 건 두 가지 때문이에요. 하나는 우리 민주주의가 위기라는 사실을 짚었다는 거예요. 다른 하나는 현재의 민주주의 시스템보다 빅데이터와 인공지능이 우리 민심을 잘 파악하는 것 같다는 불편한 진실을 지적했다는 거예요.

하이브리드
지능의
시대가 온다

6

인공지능이 정말 인류를
멸망시킬까요?

||||||||||||||||||||||||||||||||||||||||||||||||||||||||||||||||||||||

책과 영화와 만화에서 다루는 미래 사회의 모습은 어떨까요? 지금보다 살기 좋은 사회가 되리라는 예상도 있지만, 삶이 더 팍팍해지리라는 예상도 많아요. 살기 좋은 이상 사회를 유토피아라고 하죠? 반대말은 디스토피아예요. 미래 사회를 디스토피아로 그린 작품들이 제법 있어요.

올더스 헉슬리가 쓴 《멋진 신세계》는 유전자 조작으로 인간을 합성하는 미래 사회를 묘사한 소설이에요. 제일 섬뜩한 부분은, 이 팍팍한 사회에 사는 사람들이 스스로 행복하다고 느낀다는 점이에요. 지금 우리가 보기에는 무시무시한 디스토피아 같지만, 막상 미래 사람들은 별 불만이 없지요.

빈부 격차나 환경 문제가 너무 심해져 우리 통제를 벗어날지 모른다는 예측도 있어요. 모두가 함께 못 사는 디스토피아가 미래에 찾아올 거래요. 영화 〈매드 맥스〉 시리즈가 대표적이죠. 인공지능 기술이 우리 통제를 벗어나거나, 우리가 사회 갈등이나 기후 변화 등 현대 사회의 여러 문제에 제대로 대응하지 못한다면, 정말 이런 사회가 찾아올지도 몰라요.

인공지능이 정말 인류를 지배할까요? 인공지능이 나쁜 짓을 할까 봐 걱정되시나요? 물론 가끔 걱정이 들긴 해요. 그런데 인공지능이 일부러 우리를 괴롭히려고 하진 않을 거예요. 〈터미네이터〉 같은 영화에서는 인류 멸망을 꿈꾸는 인공지능이 나오지만, 현실에서는 그럴 가능성이 낮아보여요. 기업들은 돈을 벌기 위해 인공지능을 개발하는 거잖아요? 인류 멸망은 돈이 되지 않아요. 비싼 돈 들여 돈 안 되는 인공지능을 만들 이유가 없죠. 미치광이 과학자가 아니라면 말이에요.

하지만 인공지능이 우리의 예상과 다른 방향으로 발전해서 걷잡을 수 없게 될 수는 있어요. 인공지능 자체에는 나쁜 의도가 없더라도, 결과적으로 인간에게 안 좋은 영향을 미칠 수 있다는 거죠.

인공지능이 인간의 통제를 벗어나면 어떻게 될까요? 이미 어떤 인공지능은 인간이 이해하지 못하는 방법으로 학습하고 결성을 내리고 있어요. 인공지능이 인간의 의도를 벗어나 독자적으로 행동할 가능성이 있지요.

대표적인 예가 자율 무기 인공지능이에요. 인공지능이 탑재된 탱크나 드론이 적을 공격하는 거예요. 그런데 군사 작전에서는 언제나 예측하지 못한 일이 일어나요. 인간의 개입 없이 전쟁을 치르던 인공지능이, 예측한 대로 움직이지 않고 사람의 통제를 벗어난다면 어떻게 될까요? 아군이나 민간인을 공격한다면?

또한 이렇게 발생한 통제 불능 상태에 대해 인공지능에게 책임을 물을 수 있을까요?

"왜 이런 일을 했어?"

인공지능에게 이렇게 물어본들 우리가 납득할 만한 대답을 할 수 있을까요? 특히 요즘 인기 있는 딥 러닝 방식은 어떻게 직동하는지 인간이 알기 어려워요. 어떤 결과를 내놓을지 예측하기 어려울 때도 있어요. 그 결과가 인간에게 좋지 않은 것이 될 수도 있고요. 만약 인공지능으로 인해 개인이나 사회가 피해를 본다면, 누구에게 책임을 물어야 할까요?

'설명 가능성'이 중요한 이유

인공지능의 '설명 가능성' 문제가 중요한 이유는 인공지능의 결정이 우리 삶에 큰 영향을 미칠 수 있기 때문이에요.

가령, 나급해 씨가 급히 돈이 필요해서 은행에 대출을 신청했는데, 인공지능이 대출을 거절했다고 가정해 봐요. 이때 은행에 이유를 물으면, 대답을 못 할 수 있어요.

"인공지능이 그렇게 결정했어요. 우리도 그 이유는 몰라요."

인공지능의 설명 가능성이 부족하기 때문이죠. 나급해 씨는 의심이 들 거예요.

'혹시 은행이 내가 이민자라서 차별하는 건 아닐까? 내가 가난한 동네에 산다고 차별하는 건 아닐까? 그런 차별이 인공지능에 반영된 건 아닐까?'

하지만 인공지능이 설명해 주지 않으니, 나급해 씨는 알 길이 없어요. 만약 차별적인 기준이 적용되고 있다면, 그 이유라도 알아야 문제를 고칠 텐데 말이죠. 설명 가능성이 확보되지 않으면 이런 문제를 해결하기 어려워요.

앞서 말씀드렸듯, 인공지능은 개와 고양이를 잘 분류하면서도 그 과정을 우리에게 잘 설명하지 못해요. 인공지능 나름의 기준은 있겠지만, 주어진 일은 잘 해내면서도 과정을 풀이하기는 어려워하죠. 반면 인간은 답은 틀리더라도 문제 해결 과정을 어느 정도 설명할 수 있어요. 인공지능의 설명 가능성이 부족하면 그 결과가 인간에게 좋지 않거나 엉뚱하더라도 왜 그런지 알 수 없어요.

은행이 인공지능 탓을 하면 나급해 씨는 받아들이기 힘들 거예요. 정부가 차별적인 정책을 펴며 인공지능 탓을 해도 마찬가지겠죠. 인공지능의 판단에 대해 설명 가능성이 없다면요. 이러다 사회의 신뢰가 흔들릴 수 있어요. 그래서 연구자들은 인공지능의 설명 가능성을 높이기 위해 노력하고 있어요. 설명 가능한 인공지능을 만드는 게 앞으로의 과제 가운데 하나예요. 쉽지 않은 도전이에요.

트롤리 문제가 문제!

트롤리는 선로 위를 달리는 전차예요. 상상해 보세요. 선로를 달리는 트롤리의 브레이크가 고장 났는데, 선로 위에 사람이 있어요. 하지만 트롤리 방향을 다른 선로로 바꿀 수 있어요. 그런데 문제는 다른 선로에도 사람이 있다는 거예요. 지금 선로에는 사람이 다섯 명 있는데, 다른 선로에는 한 명 있어요. 어떻게 해야 할까요? 한 명만 있는 선로로 방향을 바꿔서 한 명만 희생시킬까요? 아니면 아무것도 하지 않고 이대로 다섯 명이 희생되는 걸 지켜볼까요? 정답이 없는 어려운 질문이에요.

이런 문제는 자율 주행차에서도 일어날 수 있어요. 자율 주행차는 인공지능이 운전해요. 만약 인공지능이 운전하는데, 갑자기 위험한 상황이 발생했어요. 이대로 가면 사고가 일어나서 운전자가 죽을 수 있어요. 인공지능은 이 사고를 피하기 위해 다른 차도로 핸들을 돌릴 수 있어요. 그런데 문제는 다른 차도에 사람이 두 명 있다는 거예요. 인공지능이 운전자 한 명을 살리려고 핸들을 꺾으면 두 명이 희생될 수 있어요. 반대로 두 명을 살리려다 운전자가 희생될 수도 있죠. 인공지능은 어떤 선택을 해야 할까요?

더 난감한 건, 인공지능이 운전자를 희생시키고 보행자를 살리는 선택을 하도록 만든 차를 사람들이 사지 않을 거란 점이에요. 설문조사 전문기관 두잇서베이가 성인 4428명에게 물었대요.

한 명을 죽이고 다섯 명을 살릴 것인가?

사람 살려!

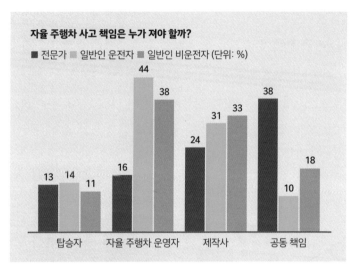

자율 주행차 사고 책임은 누가 져야 할까?

■ 전문가 ■ 일반인 운전자 ■ 일반인 비운전자 (단위: %)

	탑승자	자율 주행차 운영자	제작사	공동 책임
전문가	13	16	24	38
일반인 운전자	14	44	31	10
일반인 비운전자	11	38	33	18

자율 주행차 사고 발생 책임에 대한 생각

"무조건 보행자를 보호하도록 설정된 무인차가 있다면 가족을 태울 것인가?"

이 질문에 응답자의 79%가 '태우지 않을 것'이라고 답했어요. 그렇다고 보행자를 치는 게 정답은 아니에요. 이런 어려운 선택을 인공지능에게 맡겨도 괜찮을까요? 인공지능이 운전하는 자율 주행차가 사고를 내면 누가 책임져야 할까요? 운전자도, 차도 책임지기 어려운 상황이 온 거예요.

인공지능이 책임을
질 수 있을까요?

|||||||||||||||||||||||||||||||||||||||||||||||||||||||||||||||||||

가끔 인공지능이 실수로 사고를 낸다고 했죠? 엉뚱한 사람을 체포하거나, 유색 인종을 차별하거나, 사람들에게 엄청난 빚을 안겨주기도 했어요. 이럴 때 인공지능에게 어떻게 책임을 물어야 할까요?

안타깝게도 인공지능을 벌줄 방법이 마땅치 않아요. 전원을 꺼버린다고 해결될까요? 아니면 인공지능을 개발한 회사에 벌금을 물어야 할까요? 하지만 회사가 벌금을 낸다고 해서 인공지능이 책임을 지는 건 아니에요.

앞으로 인공지능이 더 많은 결정을 내릴 텐데, 문제는 그 책임을 누가 져야 할지 모른다는 거예요. 인공지능 스스로 책임지겠다고 말하지 않잖아요? 설령 그런다고 해도 어떻게 책임질 건지 알 수 없고요. 게다가 인공지능은 자기 결정에 대해 사람처럼 설명하지 않아요. 그저 데이터를 보고 판단했다는 식이죠. 그럼 데이터를 만들거나 모은 사람이 책임져야 하나요? 아니면 그 데이터로 인공지능을 학습시킨 개발자들이 책임져야 할까요?

예를 들어, 인공지능이 범죄 예방을 위해 사람들을 감시하다가, 흑인이 들고 있는 체온계를 총으로 착각해서 경찰에게 신고했어요. 경찰은 그 사람을 쏴버렸어요. 만에 하나 이런 일이 벌어진다면 누가 책임져야 할까요? 경찰? 인공지능? 아니면 인공지능을 사용한 정부? 만약 아무도 책임지지 않는다면, 죽은 사람은 너무 억울할 거예요.

앞으로 우리는 이런 문제를 계속 마주할 거예요. 인공지능이 내리는 결정이 갈수록 늘어나니까요. 인공지능의 잘못된 판단으로 피해를 보는 사람이 없도록, 해결할 방법을 함께 고민해야 할 때 같아요.

추천 알고리즘 vs 자유 의지

추천 알고리즘은 우리가 좋아할 만한 것들을 계속 보여줘요. 영화나 음악, 쇼핑 등에서 말이에요. 처음에는 편리하지만, 나중에는 추천받은 것들 중에서만 고르는 문제가 생겨요. 어느 순간 스스로 생각하고 선택하는 힘이 약해질 수 있다는 거죠.

협업 필터링이라는 방식은 나와 취향이 비슷한 사람들이 본 것을 더 많이 추천해 줘요. 그러다 보면 우리는 우리와 취향이 비슷한 사람들을 따라가기만 하게 돼요. 새로운 것에 도전하거

뭘 먹어야 할지 모르겠어. 추천 좀 해줘.

나, 내 취향과 다른 것을 경험해 볼 기회가 줄어들겠죠. 이렇게 되면 우리 스스로 생각하고, 선택하고, 도전할 용기가 사라질 수 있어요. 위험에 맞서는 용기조차도요.

물론 추천 알고리즘이 우리의 자유 의지를 완전히 없앨 정도는 아닐 거예요. 인간은 생각보다 그렇게 만만하지 않거든요. 하지만 우리도 모르는 사이에 조금씩 익숙해져서, 추천 알고리즘이 제안하는 대로 따라가게 될까 봐 걱정돼요. 번번이 인공지능의 추천을 받아들이다 보면, 언젠가는 스스로 생각하고 선택하는 근육이 굳어버릴지도 몰라요.

그래서 인공지능이나 소셜 미디어를 가끔은 내려놓는 것도 좋아요. 오롯이 내 힘으로 무언가를 찾아보고, 선택하는 경험을 해 보는 거죠. 인터넷 연결을 끊고, 아날로그 방식으로 내가 좋아하는 책을 고르는 것도 좋겠죠.

위협받는 집중력

||||||||||||||||||||||||||||||||||||||||||||||||||||

인공지능과 로봇 기술은 남한뿐만 아니라 북한에서도 열심히 연구되고 있어요. 북한에서는 유치원과 초등학교에 교육용 인공지능 로봇 선생님을 도입해 아이들의 호기심을 자극하고 집중력을 향상시키려 한대요.

남한에서도 인공지능 선생님이 학생들의 표정, 행동, 뇌파까지 분석해 집중도를 실시간으로 파악하고 맞춤형 대응을 한다고 해요. 온라인 학습 플랫폼에서도 시선 추적 기술로 학생의 집중도를 분석해서 집중력을 유도한대요.

평양교원대학에서 제작한 시험 문제 제시와 평가를 맡은 로봇 교원

하지만 인공지능과 컴퓨터, 인터넷은 우리 집중력을 방해하는 주된 요소로 지목되기도 해요. 메타, 유튜브, 틱톡, 인스타그램 같은 거대 기업들이 막대한 자금을 들여 사용자의 주의를 끌기 위한 인공지능을 개발하고 있거든요.

요한 하리가 쓴《도둑맞은 집중력》에 따르면, 유튜브 같은 플랫폼은 우리가 오랜 시간 플랫폼에 머물러야 이익을 본대요. 유튜브의 경우, 영상 시청 시간이 길수록 중간에 삽입되는 광고 수가 늘어나요. 광고주로부터 받는 광고비가 유튜브의 주요 수입원이라는 점을 감안하면 당연한 수순이죠. 페이스북이나 인스타그램도 마찬가지예요. 사용자들이 플랫폼에 머무는 시간이 길수록 더 많은 광고를 노출할 수 있고, 이는 곧 수익 증대로 직결돼요. 더불어 사용자의 방대한 데이터를 수집할 수 있어서 기업에게는 큰 이익이에요. 이 데이터는 추후 마케팅이나 새로운 사업 개발에 활용될 수 있으니까요.

그래서 우리가 오래오래 유튜브나 틱톡에 붙어 있도록 알고리즘을 설계하죠.

"그래, 밀린 숙제가 있었지! 이제 동영상 그만 봐야지!"

우리가 중간에 이런 생각을 하지 못하도록 온갖 수단을 동

원해요. 또한 우리가 숙제를 하다가도 그만두고 다시 인스타그램이나 페이스북을 하게 만들어요. 내가 좋아할 만한 글을 읽기 좋게 띄워준다거나, 내가 좋아할 만한 새 친구를 추천하는 거죠.

그래서 우리는 숙제에 집중하지 못해요. 잠깐 쉬려고 플랫폼에 들어갔다가, 오래오래 머물게 되거든요. 숙제뿐 아니라 다른 중요한 일에도 집중하기 어려워요. 이로 인해 현대인의 집중력은 위기에 처했어요. 미국 직장인 대부분이 3분 이상 집중하기 어렵다는 조사 결과도 있어요. 우리가 집중력을 잃어야만 이익을 보는 세력이 있다는 사실, 잊지 마세요!

중독을 조심하세요

여러분도 스마트폰과 컴퓨터로 소셜 미디어를 많이 사용하시죠? 시간 가는 줄 모르고 재미있는 영상을 본 경험, 다들 있을 거예요. 그런데 이렇게 지나치게 빠져들다 보면 중독으로 이어질 수 있어요.

소셜 미디어 중독은 소셜 미디어를 과도하게 사용하다 일상 생활에 지장을 받는 상태를 말해요. 마치 맛있는 음식을 계속 먹고 싶은 것처럼, 짧고 자극적인 영상을 멈추지 못하고 계속 보게 되는 거예요.

어떤 사람은 이런 현상이 뇌에서 분비되는 도파민 때문이라고 주장해요. 도파민이란 우리 뇌 속의 신경 전달 물질이에요. 재밌는 일이나 즐거운 일을 겪을 때, 우리 몸에서 저절로 생겨나요. 도파민이 많아지면 기분이 좋아져요.

그래서 도파민 때문에 우리가 자꾸 즐거운 일만 찾는다고 주장하는 사람이 있어요. 하지만 요즘 많이 쓰는 '도파민 중독'이라는 말은 잘못된 표현이라고 하네요. 도파민이 중독 물질이 아니기 때문이래요. 더 많은 도파민을 찾게 된다는 주장도 의학적 근거는 부족하대요.

앗, 나도 잘 모르는 의학 이야기를 하려던 것은 아니었어요.

아무려나 짧고 자극적인 숏폼 영상을 너무 많이 보는 일은 건강에 좋지 않아요. 도파민 자체에 중독될 수는 없지만, 도파민을 증가시키는 '행동'에는 중독될 수 있기 때문이에요. '도파민 중독'이란 개념이 사실이 아니라고 하더라도, 인터넷 중독은 정말로 존재하니까요. 숏폼 영상을 보는 일 말고도, 우리는 살면서 해야 할 일이 많잖아요?

인공지능의 책임이 점점 커지고 있어요. 유튜브나 틱톡은 인공지능 추천 알고리즘을 활용해 사용자의 취향을 분석하고, 이를 바탕으로 맞춤형 영상을 끊임없이 제안해요. 이 인공지능은 너무나 뛰어나서 사용자의 관심사를 정확히 파악하고 취향 저격 영상들을 줄줄이 보여줘요. 메타 회사의 초기 멤버 숀 파커는 자신들이 만든 소셜 네트워크 서비스가 사람들의 취약점을 노려 중독을 유발한다고 경고했어요. 작가 요한 하리 역시 현대인의 집중력 저하가 거대 기술 기업들이 의도적으로 초래한 결과물이라고 지적했죠.

위협받는 민주주의

요한 하리는 《도둑맞은 집중력》이라는 책에서 집중력 저하가 개인뿐 아니라 사회 전체에도 위험할 수 있다고 경고해요. 특히 민주주의가 위협받을 수 있다는 거죠. 민주주의의 핵심은 다수결 투표에 그치지 않아요. 다양한 의견을 경청하고, 충분한 토론과 숙고를 거쳐 의사 결정을 하는 것이 진정한 민주주의랍니다. 이를 '숙의 민주주의'라고 해요.

네덜란드에서는 주요 사안에 대해 찬반 양측이 마주 앉아 자유롭게 의견을 나누고, 전문가의 설명도 듣는대요. 간단한 문제라도 최종 결정에 이르기까지 수년이 걸리는 경우가 많대요. 숙의 민주주의는 시간이 오래 걸리고 복잡한 과정을 거쳐야 해요. 이때 집중력이 무엇보다 중요하죠. 본질에서 벗어나지 않고, 민주적 절차를 끝까지 지켜내려면 강력한 집중력이 필요하거든요.

그런데 요한 하리는 우리의 집중력이 떨어지면서 이 모든 과정이 위협받고 있다고 지적해요. 인공지능 추천 알고리즘에 길들여진 우리는 점점 짧고 자극적인 콘텐츠에 빠져들게 되죠. 그러다 보면 깊이 있는 토론과 고민이 요구되는 숙의 과정을 제대로 밟기 어려워요. 게다가 알고리즘이 내 취향에 맞는 의견만 보여주면, 우리는 필터 버블에 갇혀 확증 편향에 빠지기 쉬워요. 민주주의의 근간인 다양성마저 훼손될 수 있어요.

인과관계와 상관관계

우리 인간은 '인과관계'를 중요하게 여겨요. 인과관계는 어떤 일이 일어난 원인과 결과를 말해요. 가령 내가 시험을 잘 본 원인은 열심히 공부했기 때문이라거나, 오늘 아픈 원인은 어제 무리해서 놀았기 때문이라고 생각하는 거죠. 우리는 항상 '왜?'라는 질문을 하면서 인과관계를 찾으려고 노력해요.

그런데 인공지능, 특히 딥 러닝 기술은 인과관계에 관심이 없어요. 대신 '상관관계'에 집중하죠. 상관관계는 어떤 일이 자주 함께 일어나는지를 보는 거예요. 인공지능에게 고양이 사진을 보여주면, 인공지능은 그 사진이 왜 고양이인지 설명하지 않아요. 대신 그 사진의 어떤 부분이 고양이일 확률이 높은지를 찾아내요.

여기서 문제가 생길 수 있어요. 만약 인공지능이 잘못된 상관관계를 배웠다면 어떨까요? 예를 들어, 민트 초코를 좋아하는 사람은 위험하다는 걸 배웠다고 해 볼게요. 그러면 인공지능은 민트 초코를 좋아하는 사람을 경계할 거예요. 민트 초코가 얼마나 맛있는지도 모르면서 말이에요!

또 인공지능이 상관관계만 보고 인과관계는 무시하기 때문에, 인공지능에게 책임을 묻기도 어려워요.

"내가 가진 데이터를 보면 상관관계가 있어요. 그래서 이런 결론을 내렸어요."

인공지능은 이렇게 말할 수 있어요. 이건 '내 책임이 아니에요'라고 말하는 것과 비슷해요. 이런 인공지능의 사고방식은 우

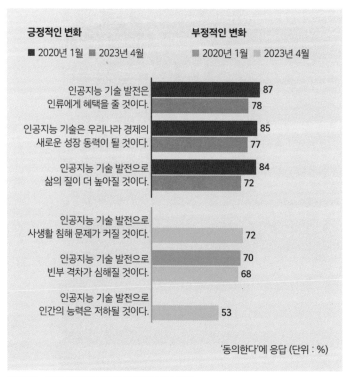

인공지능 기술 발전이 가져올 변화에 대한 생각

리 인간 사회의 기본적인 생각을 흔들 수 있어요. 우리는 모든 행동에는 이유가 있고, 그에 따른 책임이 있다고 믿어왔잖아요. 하지만 인공지능은 그렇게 생각하지 않는다는 거죠.

인공지능이 가져올 이런 변화는 우리에게 큰 도전이 될 거예요. 인간은 인간다움을 잃지 않으면서도 외계 지능인 인공지능과 조화롭게 살아가는 방법을 함께 찾아야 해요. 하이브리드 지능의 시대가 왔으니까요!

출처

사진

20쪽, 인공지능 바둑 로봇, 〈연합뉴스〉, 2023년

32쪽, 19세기 영국 면직물 공장 그림, 셔터스톡

35쪽, 소포 분류 인공지능 로봇, 셔터스톡

109쪽, 인공지능 딥페이크 기술로 복원한 김옥자 할머니의 아버지, 〈빛나는 제주 TV〉 제주특별자치도 공식 유튜브 캡처

110쪽, 5월 광장 어머니회와 흰색 스카프, 위키미디어 코먼스

119쪽, 2019 스마트 차이나 엑스포의 안면 인식 기술, 셔터스톡

166쪽, 평양교원대학에서 제작한 로봇 교원, 〈연합뉴스〉

표

106쪽, 알고리즘 추천 영상에 대한 우려 정도, 방송통신위원회 국가승인통계 '2023년 지능정보사회 이용자 패널 조사'

129쪽, 인공지능과 의사 뇌종양 진단 비교, 〈네이처 메디신〉 미국 뉴욕 의대 대니얼 오린거 교수 연구진, 2020년

131쪽, 인공지능을 생활에서 체감하는 정도, 한국리서치 정기조사 '여론 속의 여론' 팀, 2023년

139쪽, 기본 소득 지급의 고용 증진 효과, 핀란드 사회보건부, 2018년

162쪽, 자율 주행차 사고 발생 책임 설문, 국토교통부, 2016년

173쪽, 인공지능 기술 발전에 대한 생각, 한국리서치 정기조사 '여론 속의 여론'팀, 2023년

참고 자료

도서

짐 밴더하이 외 공저,《스마트 브레비티》, 생각의힘, 2023년

오힘찬,《이게 되네? 챗GPT 미친 활용법 51제》, 골든래빗, 2024년

쇼샤나 주보프,《감시 자본주의 시대》, 문학사상, 2021년

신디 L. 오티스,《CIA 분석가가 알려 주는 가짜 뉴스의 모든 것》, 원더박스, 2023년

김진중,《최고의 프롬프트 엔지니어링 강의》, 리코멘드, 2024년

마크 코켈버그,《인공지능은 왜 정치적일 수밖에 없는가》, 생각이음, 2023년

스가쓰케 마사노부,《동물과 기계에서 벗어나》, 항해, 2021년

나리타 유스케,《22세기 민주주의》, 틔움출판, 2024년

넬로 크리스티아니니,《기계의 반칙》, 한빛미디어, 2023년

고학수,《AI는 차별을 인간에게서 배운다》, 21세기북스, 2022년

리카이푸 외 공저,《AI 2041》, 한빛비즈, 2023년

요한 하리,《도둑맞은 집중력》, 어크로스, 2023년

데이비드 색스,《디지털이 할 수 없는 것들》, 어크로스, 2023년

헨리 A. 키신저 외 공저,《AI 이후의 세계》, 월북, 2023년

구본권,《공부의 미래》, 한겨레출판, 2023년

브리태니 카이저,《타겟티드》, 한빛비즈, 2020년

세스 스티븐스 다비도위츠,《모두 거짓말을 한다》, 더퀘스트, 2022년

제인 마골리스 외 공저,《파워 온》, 한길사, 2023년

안드레아스 와이겐드,《포스트 프라이버시 경제》, 사계절, 2018년

구정은 외 공저,《10년 후 세계사 두 번째 미래》, 추수밭, 2021년